実践土壌学
シリーズ 3

土壌生化学

犬伏和之
［編］

朝倉書店

編 集 者

犬伏 和之（いぬぶし かずゆき）　千葉大学大学院園芸学研究科

執 筆 者

井藤 和人（いとう かずひと）　島根大学生物資源科学部
犬伏 和之（いぬぶし かずゆき）　千葉大学大学院園芸学研究科
遠藤 銀朗（えんどう ぎんろう）　東北学院大学工学部
小川 直人（おがわ なおと）　静岡大学学術院農学領域
唐澤 敏彦（からさわ としひこ）　農研機構 中央農業研究センター
國頭 恭（くにとう たかし）　信州大学学術研究院理学系
齋藤 勝晴（さいとう かつはる）　信州大学学術研究院農学系
境 雅夫（さかい まさお）　鹿児島大学農学部
坂本 一憲（さかもと かずのり）　千葉大学大学院園芸学研究科
沢田 こずえ（さわだ こずえ）　東京農工大学大学院生物システム応用科学府
妹尾 啓史（せのお けいし）　東京大学大学院農学生命科学研究科
谷 昌幸（たに まさゆき）　帯広畜産大学グローバルアグロメディシン研究センター
程 為国（てい いこく）　山形大学農学部
西澤 智康（にしざわ ともやす）　茨城大学農学部
八島 未和（やしま みわ）　千葉大学大学院園芸学研究科

（五十音順）

はじめに

　地球の約46億年に及ぶ長い歴史の中で，38億年前頃，原始海洋中に生命が誕生し，二酸化炭素が固定された生化学反応として最初の形跡が堆積岩中の$\delta^{13}C$分析値に残されている．また35-32億年前の堆積岩中に微化石が発見されている．28-27億年前には磁場が出現し，O_2発生型光合成反応によって有機物と酸素が発生し，25-20億年前には発生した酸素が溶存鉄と反応し沈殿させ，縞状鉄鉱床を形成させた．さらにその後，真核生物が登場し，もっぱら嫌気的代謝活動を営んでいた微生物から好気性微生物が派生し，その後の高等動植物に至る長い進化の過程を遂げて，4億年ほど前に陸上に上がり，土壌が生成され陸上生態系が誕生した．

　そして，さらなる生物進化の結果，陸上生態系の頂点に立つ人類が誕生した．狩猟採取生活から定住生活に移行し，土壌を耕作して作物を栽培し，土壌の生産性が重要であることが認識されるようになった．さらに肥沃な土壌は文明を開花させたが，人口増加とともに人間活動が土壌汚染や砂漠化，森林減少などの土壌劣化を引き起こし，土壌を含めた自然環境を破壊するまでに至った．

　産業革命以降，化石燃料が大量に消費され，森林が伐採され，大気中の二酸化炭素濃度を上昇させ，地球温暖化や気候変動を引き起こしている．一方，土壌中の炭素貯留量は大気二酸化炭素量の2倍にも匹敵することが示されている．しかし，国連気候変動に関する政府間パネル（IPCC）が2013年に発表した第5次評価報告書によれば，産業革命直前の1750年から2011年の間に大気へ放出されたCO_2は，森林伐採など人為的な土地利用変化によるものが180 ± 80 Gt（炭素換算）と推定されており，その量は化石燃料の燃焼とセメント生産による375 ± 30 Gtの半分近くにも及んでいる．人類が産業革命以降，土壌炭素を減少させてきたことは間違いない．そこで2015年12月パリでの国連気候変動枠組条約第21回締結国会議（COP 21）では土壌への炭素貯留の強化策が議論され，4パーミルイニシア

ティブ，すなわち土壌炭素を年間 4‰ 増加させる取組みが開始され，もし達成されれば大気 CO_2 増加が食い止められると予想される．

折しも 2015 年は国連総会の議決に基づく国際土壌年であり，世界中で土壌への理解が進展したが，さらに 2015-2024 年を「国際土壌の 10 年」と位置付け国際土壌学会（IUSS）を中心に啓蒙活動を続けており，今後，土壌とその機能解明の重要性がさらに広く社会全体で再認識されていくと期待される．2050 年までに 98 億人に達すると予測される地球の人口をいかにして養うか，またその一方で，いかに不適切な生物生産による土壌劣化を防ぐかとともに，気候変動を軽減しつつ環境の質を向上させるための土壌管理とは何か，水質・大気質と並んで土壌の質をどう守るか，という命題が，人類に重く課せられている．

その課題の中には，適切な作物生産とは，環境にやさしい農業とは，あるいは汚染され，劣化した土壌の修復はどうすればよいか，など難しい様々な問題が含まれており，これらを解決するためには，土壌の様々な性質，土壌中で起こる様々な生化学反応などについて，正確な現状理解と解析，そしてそれらを一般の人々に分かりやすく説明することが必須である．

本書の前身である仁王以智夫・木村眞人著者代表『土壌生化学』は 1994 年に刊行され，農学系大学・大学院などで土壌学の基礎を学んだ学生・院生などに重宝されてきた．しかしながら刊行後 20 年以上を経過し，この間に進展した土壌生化学やその担い手である土壌微生物に関する知見が飛躍的に増大し，農業現場での問題解決や環境対策にも活用できる実践的テキストとしての刷新が求められていた．

本書は，実践土壌学シリーズの第 3 巻として，土壌の肥沃度を支え，地域・地球環境に影響を及ぼしうる土壌の生化学的性質を解説し，その役割について，炭素・窒素をはじめ，土壌中のその他の生物元素や物質循環と土壌生化学反応，その担い手の微生物や酵素との関係を中心に，最新の知見も含めて説明する．土壌の働きを知り，その働きを維持・向上させ，土壌に関心を持つ幅広い人々に応えるために，少しでもお役に立てれば幸いである．

2019 年 1 月

犬伏和之

目　次

第 1 章　物質循環の場としての土壌の特徴 ……………［八島未和・犬伏和之］…1
1.1　人類による食料生産と土壌 …………………………………………………… 1
1.2　物質循環の場としての土壌の基本的性質 …………………………………… 5

第 2 章　土壌中の微生物と生化学反応 ……………………………［坂本一憲］…12
2.1　土壌微生物の種類 …………………………………………………………… 12
2.2　土壌微生物のエネルギー源と炭素源 ……………………………………… 19
2.3　土壌微生物の増殖に影響する環境要因 …………………………………… 21

第 3 章　微生物バイオマスと群集構造 ……………………………［沢田こずえ］…25
3.1　土壌中の微生物バイオマスと群集構造 …………………………………… 25
3.2　微生物バイオマスと群集構造の測定法 …………………………………… 26
3.3　微生物バイオマスを介した土壌有機物循環 ……………………………… 28
3.4　土壌中の N 循環に与える有機物施用の影響 ……………………………… 29
3.5　土壌有機物分解に与える乾燥再湿潤の影響 ……………………………… 31
3.6　土壌有機物分解に与える C・N 供給量の増加の影響 …………………… 34
3.7　環境変動とバイオマス動態 ………………………………………………… 37

第 4 章　炭素の循環―土壌有機物の分解と炭素化合物の代謝― ……………… 39
4.1　土壌有機炭素 …………………………………………………［谷　昌幸］…39
4.2　堆　肥 ………………………………………………………………………… 50
4.3　合成有機物 ……………………………………………………［小川直人］…53
4.4　土壌環境における農薬の消長 ………………………………［井藤和人］…61

第5章　窒素循環 …… 66
5.1　窒素の循環 ……［境　雅夫］… 66
5.2　窒素固定 …… 69
5.3　窒素の無機化と有機化 …… 70
5.4　硝　化 ……［西澤智康］… 74
5.5　脱　窒 …… 77
5.6　嫌気性アンモニア酸化（アナモックス） …… 80

第6章　土壌におけるリン・硫黄・鉄の形態変化 ……［遠藤銀朗］… 83
6.1　土壌におけるリンの形態変化 …… 84
6.2　土壌における硫黄の形態変化 …… 89
6.3　土壌における鉄の形態変化 …… 94

第7章　共生の生化学 ……［齋藤勝晴］… 99
7.1　生物間相互作用 …… 99
7.2　窒素固定細菌との共生 …… 100
7.3　菌根菌との共生 …… 109

第8章　土壌酵素と土壌の質 …… 117
8.1　土壌酵素の働き ……［國頭　恭］… 117
8.2　土壌酵素の種類 …… 118
8.3　土壌酵素の吸着・安定化機構とその生態学的意義 …… 121
8.4　農耕地の土壌酵素活性の変動要因 ……［唐澤敏彦］… 123
8.5　土壌の質と土壌酵素 …… 125

第9章　分子生物学と土壌生化学 ……［妹尾啓史］… 128
9.1　分子生物学的手法の土壌生化学研究への導入の歴史 …… 128
9.2　特定微生物の検出と多様性，分子生態 …… 130
9.3　土壌微生物の群集構造解析 …… 132
9.4　土壌DNAの利用，新しい分子生物学的手法 …… 137

第 10 章　地球環境問題と土壌生化学 ……………［程　為国・犬伏和之］…144
　10.1　環境とは …………………………………………………………………144
　10.2　地球温暖化と土壌生化学 ………………………………………………145
　10.3　対流圏と成層圏のオゾン ………………………………………………154
　10.4　酸性降下物 ………………………………………………………………156
　10.5　土壌の劣化と汚染 ………………………………………………………157

引用文献 ……………………………………………………………………………163
参考文献 ……………………………………………………………………………174
索　引 ………………………………………………………………………………177

1 物質循環の場としての土壌の特徴

1.1 人類による食料生産と土壌

1.1.1 人類と土壌の関係性

　人類と土壌の間には深いつながりがある．狩猟をおもな食料確保の手段としていた時代，人類は移動しながらの生活をしていた．不安定さから抜け出すためには，定住し，安定的に食料を得る手段が必要となった．そこで人類は農耕を開始した．土壌（ラテン語で agri）を耕す（culture）こと，すなわち農業（agriculture）が，人類をその先の発展へと推し進める駆動力となった．土壌なしに人類の繁栄はありえなかった．植物の必須元素のうち，大気や水などから供給される元素を除いた11元素は土壌からのみ供給が可能である．人間は植物を食して生命をつないでいるので，間接的に土壌を食べて生きているともいえる．それを象徴するように human（人間）の語源は humus（腐植）であるとされている．今日の生活においても，土壌の存在は人類の安定的存続をもたらすひとつの大きな支えとなっている．土壌の機能は食料生産のみならず，環境浄化，物質循環，多様性の維持，炭素貯留，と実に幅広い．土壌の衰退は文明の衰退にもつながってきた．たとえば，インダス文明やメソポタミアのシュメール文明など，肥沃な土壌が失われることにより，文明の衰退が起こったとされている．地球をバスケットボールの大きさにたとえると，実際に機能して働く土壌の厚さは，10万分の1 mm 以下と計算される．近年，土壌の酸性化や塩類化，砂漠化などの問題により，農耕に利用できる土壌の量は減少し続けている．貴重な土壌資源を適切に管理し，持続的に利用する技術が求められている．

1.1.2 農耕の歴史と物質循環の変化

　人類は農耕を通して地球規模の物質循環とバランスを大きく変化させてきた．

人類が農耕を開始したのは約1万年前から1万5千年前といわれている．それまで食料を得るためには植物採取と狩猟を繰り返してきた人類が，定住するには農耕の開始が必要であった．農耕の開始の背景には磨製石器による倒木とそれに続く焼き畑の技術の発達があったとされる．焼き畑で植生に蓄えられている無機栄養素を灰の形にし，土壌に加えることにより，土地生産性が一時的に高まる．一種の施肥活動のはじまりであった．同時に様々な元素の循環に変化が生じた．たとえば農耕開始前はバランスを保っていた土壌への炭素インプットとアウトプットは，人類が開墾し土壌を耕すことにより，土壌からの炭素のアウトプット，すなわち二酸化炭素発生を増加させる結果となった．人類が農耕地を拡大し，農業を行ってきた歴史において，全地球上の土壌炭素蓄積量は継続して減少してきたといえる．

窒素固定植物の農業への利用は，窒素循環を変化させてきた．中世ヨーロッパにおいては大型家畜の飼育が開始され，それとともに輪作農法が発展してきたが，その中でも18世紀頃のイギリスで誕生したノーフォーク式の輪作体系は，牧草としてクローバーを用いることにより休閑をなくして地力を維持することを可能とした．現在も窒素固定植物による窒素固定は重要なインプットであり，年間60 Tgの窒素を固定している（第5章参照）．

1800年代に入ると，窒素を含む肥料資源鉱物が次々と発見され，利用が開始された．たとえばチリ硝石は硝酸ナトリウムを主体とする物質であり，1809年にチリで発見された．肥料として，また火薬の原料として利用された．同時期に，現在もリン酸肥料の原料となっているリン鉱石が発見され，1800年代半ばには英国，米国，ロシアで採掘が開始された．リン鉱石は生物由来のリンを主体とすることが多く，いわば化石燃料のような過去の遺産を掘り返し，農業で利用するという形態をとっている．これらの肥料資源鉱物は地球上できわめて偏在的に埋蔵されている．2009年の全世界のリン鉱石生産量のうち，66％が中国，米国，モロッコの3国にて生産されている．局所的に存在する資源を掘り出し，世界各地の農耕地で分散して利用することにより土地生産性を高めるという，物質循環にきわめて大きな影響を与える活動になっている．

現在，農業がもっとも深刻な影響を与えている問題として，窒素肥料の施用とそれに伴う反応性窒素の環境中への流出が挙げられる．その背景には1900年代初頭のハーバー・ボッシュ法による大気中窒素の固定活動開始がある．1900年代に

入ると，硝石を中心とした窒素を含む肥料資源鉱物だけでは火薬の生産が追い付かなくなり，大気中窒素の固定技術の開発が世界各国で行われるようになった．その結果，ハーバー・ボッシュ法が実用化された．この工業的窒素固定による大気中窒素の固定量は年間 120 Tg に及ぶ（第 5 章参照）．全世界における窒素肥料の使用量は，アジア地域を中心として，毎年増加を続けている．

1.1.3　人口増加による土地生産性向上の必要性

人類の祖先はアフリカ大陸で誕生し，10 万年以上の月日をかけて全世界に拡散した．この過程はグレート・ジャーニーと呼ばれ，背景にはつねに人口増加という圧力があったと考えられている．人口が増加し，食料供給が追い付かなくなると，新たな土地を求めて移動する．その繰り返しであった．農耕が開始された後においては，新たな土地を求める前に土地生産性を向上させ，単位土地面積当たりの食料供給量を増加させることで，ある程度の人口増に対応が可能となった．たとえば新たな作物を見出すこと，品種を改良していくことは土地生産性を向上する代表的な手段であったといえる．さらに人類は土壌を改良し，管理する技術も見出してきた．自給肥料の探索と投入がこれにあたるだろう．里山に入り，栄養がたっぷりの森林の土や落ち葉を集めて持ち帰り，自分の畑に入れる．日本では刈草敷の技術も発達してきた．化学肥料の開発と普及は，その利用技術の改良や品種改良と合わせ，土地生産性の飛躍的向上につながってきた．1960 年代の緑の革命では，国際イネ研究所による矮性イネ品種の開発と窒素肥料の普及が組み合わさり，土地生産性の向上がもたらされ，アジア地域の食料供給安定化に貢献した．

現代の地球において，農耕地面積の劇的な拡大は望めないと考えられる．1950 年から 2000 年までの 50 年間において，耕地面積は約 6 億 ha から 7 億 ha へと拡大してきた．一方，人口増加は 25 億人から 63 億人へと，はるかに速いスピードで進んでいる．増加する一方の人口を養っていくためには，単位土地面積当たりの生産性向上が必要不可欠であり，その手段として，土壌の高度利用と管理が欠かせないものとなっている．

1.1.4　現在の地球が抱える物質循環に関する問題

人類の様々な活動が増加するとともに，物質循環は変化してきた．その変化は

望ましいものばかりではないことが分かってきている．たとえば大気中の二酸化炭素濃度の上昇は，現在も続いており，400 ppm を超えている（第 10 章参照）．気候変動に関する政府間パネル（IPCC）の第 5 次評価報告書（AR5）では，その背景に化石燃料の燃焼や産業プロセスから排出される二酸化炭素があると指摘している．大気二酸化炭素濃度の上昇は，地球温暖化という結果を生み出す．現状を上回る努力がなければ 2100 年の気温は産業革命以前から 3.7–4.8℃ 上昇すると推定されている．農耕地土壌から発生する二酸化炭素，一酸化二窒素，メタンといった微量の気体も温暖化に寄与しているため，施肥や有機物管理の改善とそれに伴う温暖化ガス発生量削減が求められている．

Rockström *et al.* (2009) は，人間が今後も持続的に住み続けるために，ある種の環境「リミット」を設定する必要がある，と提唱し，それをいくつかのプロセスごとに分け，リミットを超えている部分に警鐘を鳴らした．この報告は，もっともリミットを超えているものとして生物多様性の損失，次に窒素循環の変化を挙げている．まだリミットを超過していないが，リミットに近づきつつあるものとして，リン循環を挙げている．

窒素循環が現在抱える問題には，先に述べたような肥料利用のための固定量が増加していることだけではなく，固定された窒素が非常に高い反応性を持つという点にもある．一度肥料として土壌に施用されたアンモニア態窒素や硝酸態窒素は，土壌微生物の働きを通して硝化や脱窒され形を変えていく．途中で生じた気体窒素や，土壌粘土鉱物に吸着しにくい硝酸態窒素などは，施用された生態系の外へ逃げていく．これを窒素の損失と呼んでいる．系外に逃げた窒素は，オゾン層の破壊，湖沼の富栄養化，森林土壌や湖水の酸性化を引き起こし，さらには生物多様性の損失にも寄与している．一方で窒素肥料は今後の農業生産に絶対に欠かせない．窒素循環を研究する世界中の科学者が組織する International Nitrogen Initiative は，持続的な農業生産における窒素の役立つ働きを最適化し，環境や人間の健康にとって良くない影響を最小化することが，もっとも重要である，と述べている．

リン酸肥料は現在もリン鉱石を原料として作られているが，リン鉱石をはじめとするリン酸資源の埋蔵量は限られていると考えられている．しかし，その埋蔵量の推定には各種の調査で幅がある．国際肥料開発センターによる 2010 年の報告では全世界に存在しているリン鉱石の資源量は 2900 億 t であるとされ，このまま

のリン酸肥料年間製造速度が続いても，300-400 年は製造可能であると試算されている（Van Kauwenbergh, 2010）．しかし，2008 年のリン酸肥料の価格高騰に見られるように，リン酸肥料の価格は不安定であり，今後も大幅に安価になるといったことは考えにくい．一方，農水省による日本国内の農耕地土壌調査によると，土壌中の有効態リン酸量は，1970 年代から現在にかけて増加してきていることが分かっており，リン酸肥料の過剰施肥が指摘されている．窒素と同様，系外に流出したリン酸も，富栄養化などの環境負荷を引き起こす．経済的にも環境的側面からも，リン酸肥料施肥量を減量した持続的農業の提案が求められている．

1.2 物質循環の場としての土壌の基本的性質

1.2.1 土壌の定義

「土壌」を明確に定義することは難しい，と指摘しながらも，日本土壌肥料学会では「私たちの研究対象とする土壌と土」の定義を下記のようにまとめている．

「土壌とは，地球の陸地表層または浅い水の下にあり，岩石の風化や水，風などによる運搬，堆積と生物が作用し，有機物と無機物が組み合わさり，自然に構成されたものである．それは，植物をはじめとする生物を養い，物質の保持や循環などの機能を持ち，周囲の影響を受けて変化する．人間活動の増大や各種環境問題の出現により，研究対象としての土壌の範囲は拡がりつつある．土も土壌とほぼ同義である．」

1.2.2 土壌生成と土壌生成因子

土壌生成の道筋を図 1.1 に表した．土壌は「自然に構成されたもの」であるが，そのプロセスはまず，岩石から始まる．岩石は，もともと地球の地下深くの高温高圧環境において結晶化した造岩鉱物の集合体である．これが何らかの形で地表に出た後,「風化」と呼ばれるプロセスを経て，土壌の材料となる粘土鉱物に変化していく．別のことばでは，岩石である母岩のことを 1 次鉱物と呼び，1 次鉱物が風化作用を受けることにより 2 次鉱物，すなわち土壌の母材になる，と説明される．2 次鉱物は大きく分けて，①ケイ酸塩鉱物，②酸化物・水和酸化物，があり，①には結晶性のものと，準晶質および非晶質のものがある．狭義には①のみを粘土鉱物と呼ぶが，2 次鉱物を粘土鉱物と同義に用いることも多い．通常，粘土鉱物の表面は負の電荷を帯びており，表面積が大きく，これらの特徴は土壌に

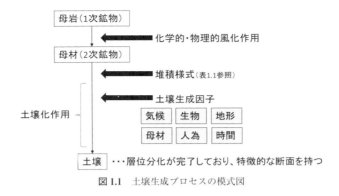

図 1.1 土壌生成プロセスの模式図

特徴的な性質を与える一因となる．

1次鉱物が2次鉱物へと変化する風化には，大きく分けて①物理的風化作用，②化学的風化作用，の2つがある．①の物理的風化作用には，造岩鉱物が地表に出て，それまでかかっていた圧力が除かれることによって膨張し崩壊する除荷作用，昼夜の温度変化によって鉱物間にひずみが生じて崩壊する温熱変化，岩石の裂け目に水が入りその水が凍結および膨張することによって崩壊する凍結破砕作用，などが含まれる．②の化学的風化には，空気中の炭酸ガスを溶かし込んだ雨水による塩類の溶解作用，水の解離で生じた水素イオンや水酸化物イオンと反応してケイ酸塩が分解する加水分解作用などがある．

以上のように風化で生じた2次鉱物である母材は，土壌生成に用いられる．土壌生成は母材が生じたそのままの位置で土壌化する場合（残積土）と，外部から加わる力によって他の場所へ運搬され堆積して土壌化する場合（運積土）に分けることができる．堆積様式については表1.1にまとめた．

堆積した母材を起点として，土壌生成がスタートする．土壌生成に働く第1の要因として，生物が挙げられる．落葉落枝や根の脱落により，土壌に有機物が投入される．土壌に入ったこれらの有機物は，土壌動物や微生物によって粉砕，分解され，長い年月をかけて土壌の腐植と呼ばれる難分解性で安定した有機物を形成するに至る（第4章参照）．このような土壌生成に働く生物の種類や活動の程度に大きな影響を与えるのは気候であり，気候は土壌生成に影響を及ぼす第2の因子であるといえる．さらに地形はそれがもたらす水はけ，侵食や有機物の蓄積の程度，日当たりなどを通して土壌生成に影響する．以上に述べた気候，生物，地

1.2 物質循環の場としての土壌の基本的性質

表1.1 土壌の体積様式

堆積様式	
残積	母材が地表に露出し，その場で堆積したもの．
運積	
1. 更新世堆積	更新世（洪積世）に堆積したと考えられるもの．
2. 崩積	完新世（沖積世）に斜面に積もり崩れて堆積したもの．
3. 水積	完新世（沖積世）に水で運ばれて堆積したもの．河成堆積，湖成堆積，海成堆積の3種類．
4. 風積	風で運ばれて堆積したもの．おもに火山灰で1と3に含まれないもの．
5. 集積	植物遺体が分解されずに堆積したもの．泥炭土と黒泥土を含む．

形に母材を加えた4因子の働きに，さらに時間という因子が加わり，5つの因子に影響されることにより特徴的な土壌が生成される，と提唱したのは，現代土壌学の創始者と呼ばれるドクチャエフ（Vasily Dokuchaev, 1846-1903）である．さらに，人為も重要な土壌生成の因子である．とくに近年の大規模な農地開発や整備，あるいは都市化において土木機械が土壌生成に及ぼす影響は大きく，これには灌漑の普及による塩類集積や砂漠化も含まれる．

1.2.3 土壌の層位分化

土壌断面（soil profile）を観察することによって，その土壌の成り立ち過程，肥沃度，透水性などの物理性といった特徴を知ることができる．通常の土壌調査では地表から深さ約1-1.5 mほどの土壌断面を掘り出す．見た目の違いから，断面をいくつかの層位に区分けすることができる（図1.2）．

最上層のO層は落葉落枝など植物が光合成により生産した有機物が堆積し，動物や微生物によって分解されつつある有機物層である．L, F, H層に細分されることもある．一般的にO層以下は母材が長時間の土壌生成作用を受けて生じた無機質土壌である．O層のすぐ下に現れるA層は上層から供給される有機物の影響をおおいに受けた，母材である無機質材料と有機物が混ざった層である．A層はいわゆる表土である．A層からは粘土鉱物や有機物が下層へと溶脱していくため，A層は溶脱層とも呼ばれる．その下にはB層が現れる．B層は母材を主体とし，上層から溶脱してきた粘土鉱物や有機物が集積しているため，集積層とも呼ばれる．土壌生成が進むほどB層は特徴的に変化していく．酸化的環境下では鉄酸化物の影響により褐色を呈することが多い．C層はB層の下に位置し，母材が土壌

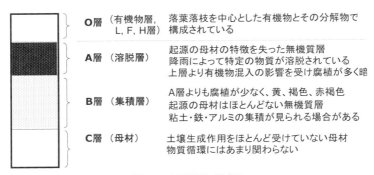

図 1.2　土壌断面の模式図

生成作用を受けていない層を指す．C 層の下には風化作用を受けていない母岩である岩石がそのまま観察できることがあるが，これは R 層と呼んでいる．このように OABC（R）層が一般的な土壌層位であるが，その他にも水田のように還元的環境下で生成した層は G（グライ）層と呼ばれ，鉄，アルミニウム，粘土，腐植などが溶脱し相対的に砂やシルトに富む層は E 層と呼ばれている．

　土壌断面とその層位構成を観察する際には，各層の色，土性（砂・シルト・粘土の割合，1.2.5 項参照），構造，孔隙，ち密度，植物根分布なども調査する．土色は腐植の含有量を示唆し，その他の項目は排水性，透水性，保肥力など，その土壌の物理化学性を示唆する．土壌断面調査は，その土壌のまさにプロファイルを知るための有効な手段となっている．

1.2.4　土壌の三相

　土壌断面からある層位の土層を対象として，コアサンプラーと呼ばれる体積が一定の容器を用いて土壌を採取すると，その土層を構成する一定体積の土壌を手にとることができる．たとえば 100 mL 容の土壌を得たとき，多くの表土の場合において 50 mL 以上は空気と水で構成されている．それぞれを液相と気相と呼び，両方を合計した体積を孔隙（pore space），孔隙が全体体積に占める割合を孔隙率と呼ぶ．孔隙率は土性，有機物顔料，耕うんによって変化する．また，植物根の張りやすさをはじめとした生育や土壌生物の活動，さらに透水性に大きく影響する．孔隙に占める液相の割合（water filled pore-space, WFPS, %）は土壌微生物への酸素供給の指標となり，微生物の活動に影響を与える．たとえば WFPS が高

1.2 物質循環の場としての土壌の基本的性質

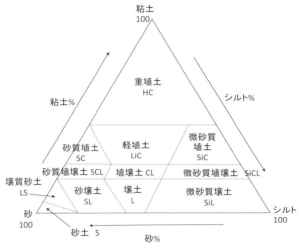

図 1.3 土性三角図表（土壌調査ハンドブック）

くなり酸素が行き渡りづらくなると，嫌気性微生物によって行われる脱窒活性が高まりその結果，一酸化二窒素発生量が増加することが知られている（第5章参照）．

残りの 50 mL 以下が固相であり，無機物と有機物で構成されている．有機物が固相に占める割合は 10% 以下であることが多い．土壌有機物については第3章を参照のこと．

1.2.5 土壌粒子と物理化学的特徴

土壌の固相の大部分を構成する無機物は粒径が 2.0 mm 以下の粒子でできている．その粒径によって4区分に分かれている．粒径の順に，粗砂（粒径 2.0-0.2 mm）＞細砂（0.2-0.02 mm）＞シルト（0.02-0.002 mm）＞粘土（0.002 mm 以下）となっている．粒径 2.0 mm 以上のものは礫と呼ばれ，土壌粒子からは除かれる．土性とは，土壌粒子の粒径分布によって分類される土壌の名称であり，砂（粗砂＋細砂），シルト，粘土それぞれの重量割合から，図 1.3 のような三角図表にプロットしたうえで与えられる．

一般的に，粒径が大きな画分を主体とする土壌は，粒子間孔隙が大きく，通気

性や排水性が良好であるが，各粒子が分離して粘着性や凝集性が少ない土壌となる．粒径が細かい画分を主体とする土壌は，表面積が大きく，水の表面吸着，イオン交換などの物理化学反応が起こりやすく，粘着性や凝集性に富んだ土壌となる．

粒径 0.002 mm 以下の画分に含まれる粘土鉱物および腐植は土壌コロイドと呼ばれている．土壌コロイドは通常負の電荷を帯びており，これを中和するために表面にプラスの塩基イオン（Ca^{2+}，K^+，H^+，Mg^+など）を吸着している．この吸着している塩基イオンは，土壌溶液中に存在している別の陽イオンと交換する．このプロセスを，土壌の陽イオン交換と呼ぶ．交換吸着できる陽イオンの総量は土壌の種類や含まれている粘土鉱物の種類や量に影響されて決定されるため，各土壌に特有の値となる．この値を陽イオン交換容量（cation exchange capacity：CEC）と呼ぶ．陽イオン交換反応は土壌のもっとも重要な反応の1つであり，物質の土壌中での保持，変化，移動，植物への養分供給力に影響する．一方，土壌コロイドの一部は正の電荷を帯び，ここには陰イオンが交換吸着する．これを陰イオン交換，交換吸着できる陰イオンの総量は陰イオン交換容量（anion exchange capacity：AEC）と呼ばれる．

粒径が大きな画分を主体とする土壌は，単粒構造といってそれぞれの粒子が単独で並んでいる状態になりやすいが，粒径が小さな画分を主体とする土壌は，団粒構造といって粒子が集合してできた粒団がさらにいくつも組み合わさっている状態をつくりやすくなる．団粒構造の発達には，有機物や微生物も関わっている．たとえば糸状菌が発達させる菌糸は粒団どうしを連結させ，ミミズの糞はそれ自体が有機物と無機物をよく混合したものとなっており，安定性の高い団粒を生み出す．土壌団粒構造が発達すると，粒子間に大小の孔隙が生じる．孔隙を保持することは，土壌に通気性と透水性を保持することにつながる．また，これらの孔隙は植物根が伸長するスペースとして役立つ．

1.2.6 微生物の生息地としての土壌

土壌中には多数の微生物が生息しており，物質循環を動かすエンジンとして常に働いている．いずれの土壌にも多数の微生物が生息できる理由は2点考えられる．まず，土壌にはきわめて多種類の微生物が生息し，その種類ごとに生育形態がきわめて多様で，しかも個々の微生物は環境の変化に対し速やかに適応できる

能力を有すること，である．また，土壌環境は微生物にとって変化に富んだ環境であり，なおかつ個々の土壌環境は微生物にとって安定していること，である．

　土壌中の微生物は非常に多様な場所に生息している．たとえば，粗大有機物として投入された植物遺体や，生育中の植物根の周辺土壌には，より多くの微生物が存在しており，共生菌，寄生菌，糸状菌，放線菌，有機栄養細菌がその代表である．土壌有機物には有機栄養細菌が，土壌粒子には無機栄養細菌が生息している．また，微生物が産出する土壌酵素やその基質も土壌有機物や土壌粒子に吸着している．微生物，土壌有機物，粘土粒子はいずれも負の電荷を帯びており，互いが直接結合することは困難である．そこで，土壌中に多量に存在する塩基イオン（Ca^{2+}, Mg^{2+}, Fe^{3+}, Al^{3+}）が架橋し三者を結合させる．また，微生物や植物根は多糖類などを分泌するが，これも微生物，土壌有機物，粘土粒子の三者の結合に役立っている．

　先に述べたように，土壌有機物や微生物と土壌粒子は団粒構造を発達させる．結果，複雑になった団粒構造において，部位によって構成成分，水分，空気組成が異なっており，生息する微生物の種類を多様にしている．新鮮な有機物にアクセスしやすい場所には主として分解を得意とする微生物が生息し，孔隙内部で酸素濃度の低い場所では主として嫌気性の細菌が生息する，といったようになる．このように，団粒構造が複雑に発達することにより，土壌には様々な微生物が生息可能となり，全体として物質循環に関与している．　　　　　　　八島未和・犬伏和之

2

土壌中の微生物と生化学反応

　土壌中で進行している様々な生化学反応，すなわち有機物の分解や無機元素の酸化・還元反応などは，陸上生態系における物質循環に占める割合が大きく，非常に重要である．そして，そのほとんどの反応に対して直接，間接的に土壌微生物が関与している．また微生物は植物や動物に寄生したり，共生することで生態系内の物質生産・消費活動にも大きな影響を与えている．

　微生物は顕微鏡的なサイズの生物でありながら，細菌やアーキア，菌類などで構成される真核微生物など，多種多様な種によって構成されている．微生物はあらゆるタイプの土壌に存在し，外界から物質を取り込んで諸種の生化学反応を菌体内で行い，代謝産物を再び外界へ放出する．微生物は微小であるがゆえに菌体の比表面積が大きく，物質の代謝速度が他の生物に比べて速い．また植物や動物には見られない独特の反応経路を有している．

　本章では，土壌中の様々な生化学反応の担い手である土壌微生物について，その種類，エネルギー源と炭素源，そして微生物の増殖に影響する環境因子について概説する．

2.1　土壌微生物の種類

　生物の分類体系は，長らくその形態や生理・生化学的性状から構築されてきたが，現在では遺伝子の塩基配列を基にした分子系統学的な類縁関係が重視されるようになった．カール・ウーズ（Carl R. Woese, 1928-2012）は，1990年にリボソームRNAの塩基配列によって生物を3つのドメイン，すなわち細菌（domain Bacteria），アーキア（domain Archaea），そして真核生物（domain Eukarya）に分ける分子系統分類を提唱した（図2.1）．ここで細菌とアーキアは原核微生物であり，細胞内に膜で囲われたオルガネラ（細胞内小器官）を持たないのが特徴で

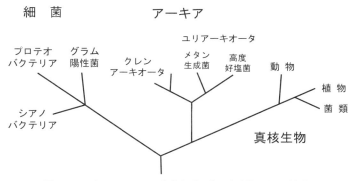

図 2.1 リボソーム RNA の塩基配列に基づく生物の分子系統樹
Woese et al.（1990）より改変．

ある．これらは 16S rRNA の配列に基づき分類されている．核やミトコンドリアといったオルガネラを細胞内に持つ真核生物は 18S rRNA の配列に基づき分類されている．真核微生物には，菌類（fungi），藻類（algae）および原生動物（protozoa）がある．リン・マーギュリス（Lynn Margulis, 1938-2011）は真核細胞の起源について，オルガネラであるミトコンドリアと葉緑体は細胞内共生した他の細胞（それぞれ好気性細菌，シアノバクテリア）に由来するとする細胞内共生説を 1967 年に提唱し，現在ではこの仮説が広く認められている．

2.1.1 細　菌

土壌中の細菌の大きさは普通 0.5～数 μm 程度であるが，もっと小型のものも存在する．単細胞性で，球状の球菌（cocci），短い棒状の桿菌（rods），糸状やらせん状，不定形など，様々な形態のものが見られる．土壌を顕微鏡で観察すると，1 g の土壌に 10^8 から 10^9 個程度の細菌細胞が認められる（図 2.2）．細菌細胞の特徴は，細胞膜のグリセロリン酸骨格が sn-グリセロール-3-リン酸（G-3-P）であること，細胞壁がペプチドグリカンによって構成されており，N-アセチルムラミン酸や D-アミノ酸を含むことが挙げられる．分子系統解析によって細菌は現在 24 のグループ（門，phylum）によって構成されている．

a．プロテオバクテリア

プロテオバクテリア（Proteobacteria）は，かつてグラム陰性菌（Gram-negative

図 2.2 土壌中の細菌

bacteria）と呼ばれていたもので，細菌における最大のグループを形成している．本グループは，*Alpha-*, *Beta-*, *Gamma-*, *Delta-*, *Epsilon-*の5綱に分けられ，約400の属によって構成されている．光合成を営む細菌，有機物を必要としない化学合成独立栄養細菌，そして有機物を必要とする従属栄養細菌など，多種多様な生活様式を持った種類によって構成されている．光合成細菌と呼ばれるグループは，バクテリオクロロフィルを用いた酸素非発生型の光合成を行っており，紅色硫黄細菌，紅色非硫黄細菌などが知られている．また化学合成独立栄養細菌については，硝化菌，硫黄酸化菌，鉄酸化菌，水素細菌，メタン酸化菌などが知られている．最近ではアーキアでも同様の代謝を担うものが見つかっている．化学合成従属栄養細菌ではシュードモナス（*Pseudomonas*）属とその関連属細菌がよく知られており，様々な有機化合物を分解できる菌として知られている．また脱窒（硝酸還元）を行うものや，植物病原菌も多い．一方，窒素固定を行うグループも多く，マメ科植物に共生しながら窒素を固定する根粒菌もプロテオバクテリアに含まれる．その他，硫酸還元菌もプロテオバクテリアに属している．

b. グラム陽性菌

グラム陽性菌（Gram-positive bacteria）は環境が変動しやすい土壌環境によく適応したと思われる細菌で，GC含量によって2つのグループに分けられる．低GC含量を示すグループはファーミクテス（Firmicutes）と呼ばれ，好気性の*Bacillus*属や嫌気性の*Clostridium*属など，芽胞や内性胞子を形成するものが含まれる．一方，高GC含量を示すグループはアクチノバクテリア（Actinobacteria）と呼ばれ，不定形桿菌であるコリネ型細菌（*Corynebacterium*属），土壌からよく分離される*Arthrobacter*属，そして放線菌（actinomycetes）などによって構成されている．放線菌は菌糸を伸長しその多くが胞子をつくる．土壌中ではキチンやセルロースなど様々な高分子有機物を分解する菌として知られている．*Streptomyces*属がもっとも代表的な放線菌で，様々な土壌から高頻度で分離され，また抗生物質生産菌としても知られている．またヤシャブシやハンノキといった非マメ科植物の根に共生し，窒素固定を行う根粒を形成する放線菌として*Frankia*属

が知られている.

c. シアノバクテリア

シアノバクテリア（Cyanobacteria）は，植物と同様の酸素発生型光合成を行う細菌であり（図2.3），原始地球において大気中の酸素の生成を担ったとされる．単細胞，多細胞，糸状など形態は多様である．ヘテロシスト（heterocyst）を形成し，窒素固定を行うものもいる．水田土壌に多く生息しているが，乾燥した土壌，塩類の多い土壌の表面で見られることも多い．

図2.3　土壌表層のシアノバクテリア

d. 培養困難な細菌と遺伝子解析技術

土壌中の細菌は未だに分離・培養されていないものが大多数を占めており，分離されてその性質が知られている菌は全体の1％程度であるといわれている．このような難培養性微生物（visible but not yet culturable microorganisms）の存在は古くから知られていたが，培養ができない理由の解明が進まず，土壌細菌の全体像を明らかにするうえで大きな障害となっていた．しかし近年になってようやく微生物の分離・培養という手順を経ずに土壌中の遺伝子（DNA）へ直接アクセスする手法，すなわち分子生態学的手法が発達し，培養困難な菌を検出し同定することが可能となった．その1つが耐熱性DNA合成酵素を用いるPCR（polymerase chain reaction）法で，土壌から抽出したDNAから目的遺伝子を特異的に増幅し解析するというものである．この方法を用いて土壌DNAから16S rRNA遺伝子領域を増幅し塩基配列を決定することで様々な土壌の細菌群集構造が解析された．その結果，土壌で優占している細菌グループ（門）は，Proteobacteria，Acidobacteria，Actinobacteria，そしてVerrucomicrobiaであることが明らかとされた．最近ではさらに次世代シークエンサーの開発や配列情報の処理技術の急速な進歩に伴い，PCRを経ずに微生物のゲノムDNAを網羅的に解析するメタゲノム解析も土壌において行われるようになった．これは土壌から抽出したDNAについてショットガンシークエンスによって大規模に塩基配列を決定し，土壌細菌群集を網羅的に明らかにするというものである．このように遺伝子解析技術の進歩に支えられ，困難を極めた土壌細菌の真の姿が明らかにされつつある．

2.1.2 アーキア

最近まで古細菌と呼ばれていた原核微生物である．研究の初期においては，高温，強酸性，高塩分などの極限環境から見つけられてきた．現在はメタン生成などを行うものが通常の環境でも見出されている．アーキア細胞の大きな特徴は，細胞膜のグリセロリン酸骨格が，細菌とは異なり sn-グリセロール-1-リン酸（G-1-P）であることである．アーキアの G-1-P と細菌の G-3-P は鏡像異性体の関係にある．また細胞壁が糖タンパク質であることも大きな特徴で，細菌と異なり N-アセチルムラミン酸や D-アミノ酸を含んでいない．アーキアには以下の2つのグループが含まれている．

a. クレンアーキオータ（Crenarchaeota）

クレンアーキオータは，高温や強酸性など，極限的な環境に生育している．高温菌または超高温菌がほとんどであり，70℃以下では生育できない菌が多い．栄養的には従属栄養性のものもあれば，独立栄養を示す菌もおり，多様性に富んでいる．Sulfolobales，Desulfurococcales，Thermoproteales の3目がある．

b. ユリアーキオータ（Euryarchaeota）

アーキアとして最初に認定されたメタン生成菌（methanogens）はすべてこのグループに属する．Methanobacteriales，Methanosarcinales，Methanocellales など6目が知られている．高度好塩菌のアーキア（Halobacteriales 目）もユリアーキオータに含まれる．

2.1.3 真核微生物

a. 菌　類

菌類には3つの形態，すなわち菌糸（hyphae）を伸長して生育する糸状菌（molds, filamentous fungi）（図 2.4），菌糸が集まった子実体を形成するキノコ（mushroom），そして単細胞性の酵母（yeast）が知られている．菌類は従属栄養性であり陸上生態系において細菌とともに有機物の分解者としての役割を担っている．とくに高分子有機物の分解能が高いことから，森林土壌では植物の落葉落枝の分解菌として重要な働きをする．また一部の菌類は共生微生物（symbiont）として植物と菌根（mycorrhiza）を，また藻類と地衣類（lichen）を形成する（図 2.5）．一般に胞子（spore）を形成するが，有性胞子（sexual spore）と無性胞子（asexual spore）の両方がつくられる．菌糸の直径は普通 5-10 μm で土壌中には

2.1 土壌微生物の種類

図 2.4 土壌中の菌類

図 2.5 樹皮上の地衣類(ヘラガタカブトゴケ, *Lobaria spathulata*)

1g当たり数百mの菌糸ネットワークが認められる．細胞壁は一般にキチンとβ-グルカンから成り，細胞膜のグリセロリン酸骨格は，細菌と同様にG-3-Pである．現在，菌類は分子系統解析に基づき，ツボカビ類，接合菌類，グロムス菌類，子嚢菌類および担子菌類の5つのグループに分けられている．ツボカビ類と接合菌類は単一系統ではなく複数の系統群に分かれている．下等菌類とされるツボカビ類と接合菌類から，グロムス菌類の祖先を経て，高等菌類である子嚢菌類や担子菌類に進化したと推測されている．

ツボカビ類（Chytridiomycota）は菌類の中でもっとも古い起源を持つと考えられており，無性の遊走子（planospore）をつくっておもに水圏に生息するが，土壌中にも分布している．自然界で動植物遺体の分解者として機能しているが，生きている動植物，藻類，その他の菌類などに寄生する種類もいる．

接合菌類（Zygomycota）は，有性生殖によって接合胞子（zygospore）をつくり，また無性の胞子嚢胞子をつくって繁殖する．糸状菌の形態のみを示し，菌糸には隔壁がない．ケカビ（*Mucor* 属），クモノスカビ（*Rhizopus* 属），クサレケカビ（*Mortierella* 属）などが土壌中や植物遺体に広く認められ，腐生生活を送っているものが多い．

グロムス菌類（Glomeromycota）はもともと接合菌類の一系統とされていたが，新門として最近独立して扱われるようになった．作物を含む多くの草本植物に共生するアーバスキュラー菌根菌（arbuscular mycorrhizal fungi）によって構成されている．糸状菌の形態のみであり，菌糸に隔壁はない．土壌中に直径が50-500μmの大型の無性胞子を形成する．

子嚢菌類（Ascomycota）は，有性胞子として子嚢内に子嚢胞子（ascospore）を形成する．また無性胞子として，分生胞子（conidiospore）や厚膜胞子（chlamydospore）をつくる．厚膜胞子は厚い外壁を持ち，長期に生残する能力を持つ．菌糸には隔壁がある．子嚢菌は糸状菌ばかりでなく，キノコや酵母の形態を示す種類を含み，菌類最大のグループを形成している．腐生，寄生，共生の様々な生活形態を示すが，約半数の種類は緑藻類やシアノバクテリアと共生し地衣類を構成している．アカパンカビ（*Neurospora* 属）は，かつて遺伝学に大きな貢献をした．アルコール発酵などに用いられる出芽酵母である *Saccharomyces cerevisiae* も子嚢菌類である．以前は完全世代を示さず無性胞子である分生胞子のみを形成して増殖する菌類を不完全菌類（アナモルフ菌類，anamorphic fungi）と呼んでいた．しかし，これらは近年の分子系統解析によって多くは子嚢菌類であることが判明した．このような菌には，*Aspergillus* 属，*Penicillium* 属，*Trichoderma* 属，*Fusarium* 属，*Verticillium* 属などが含まれ，植物病原菌や植物生育促進菌として農業上重要な菌類も多い．

　担子菌類（Basidiomycota）は，2核化した二次菌糸に形成される担子器上に有性胞子である担子胞子を形成する菌類である．糸状菌，キノコ，酵母のすべての形態を示す種類が含まれ，多くのキノコが帰属している．菌糸には隔壁があり，かすがい連結を示す．木材腐朽菌として知られる，ヘミセルロースやリグニンといった難分解性の高分子多糖類を分解する菌が含まれる．生活形態も腐生，寄生や共生など様々であるが，とくに木本植物に共生する外生菌根菌（ectomycorrhizal fungi）がよく知られている．本菌根菌は子実体が食用とされているものも多く，マツタケ（*Tricholoma matsutake*），ホンシメジ（*Lyophyllum shimeji*），トリュフと呼ばれるセイヨウショウロ（*Tuber* 属）などがある．

b. 藻　類

　藻類（algae）は単細胞あるいは多細胞性で酸素発生型の光合成を営む生物である．陸生の藻類は土壌や岩石，コンクリートの表面，樹木の樹皮上など光のあたる環境に独立栄養的に生息している．土壌生息性のおもな藻類は，緑藻（green algae）や珪藻（diatom）である．緑藻類の一部は子嚢菌と共生して地衣類を形成する．地衣類もまた岩石表面や樹皮上によく見られる（図 2.5）．

c. 原生動物

　原生動物（protozoa）は，細胞壁を持たない単細胞性の真核生物である．土壌

中では，アメーバ状の根毛虫類（Sarcodina），鞭毛虫類（Mastigophora），繊毛虫類（Ciliophora）が知られている．土壌では大部分がシストとして存在しており乾燥に耐えることができる．降水などによって水が供給されると運動性を示し，周囲の微生物を捕食する．そのため細菌などのバイオマスに与える影響が大きいと考えられている．また捕食の際に取り込まれた微生物の窒素成分は一部が原生動物に取り込まれるが，残りは土壌中に放出される．このような原生動物の活動は植物の窒素吸収に影響を与えていると考えられている．

2.2 土壌微生物のエネルギー源と炭素源

微生物をはじめとしたすべての生物は，細胞外からエネルギーと炭素や窒素，その他生体を合成するために必要な元素を得て活動している．その中でもエネルギーと炭素を何から得ているかを知り，そしてエネルギー源と炭素源の獲得形式で微生物を分類することは，土壌中で進行している多種多様な生化学反応とその担い手を理解するために必要なことである．

微生物は生存と増殖のためのエネルギーを光から得るか，あるいは有機物ないし無機物の酸化から得ている．前者を光合成微生物（phototrophs），後者を化学合成微生物（chemotrophs）という．微生物は菌体合成に必要な炭素を二酸化炭素（CO_2）から得るか，あるいは有機物から得ている．前者を独立栄養微生物（autotrophs），後者を従属栄養微生物（heterotrophs）と呼ぶ．以上のエネルギーと炭素の獲得様式の組合せから，微生物を4つのグループに大別することができる．表2.1はこれをまとめて示したものである．

2.2.1 光合成独立栄養微生物

光合成独立栄養微生物（photoautotrophs）は，エネルギー源が光，炭素源としてCO_2を用いるグループである．原核微生物のシアノバクテリア，紅色硫黄細菌（purple sulfur bacteria）や緑色硫黄細菌（green sulfur bacteria）などの光合成細菌，そして真核微生物の藻類が含まれる．シアノバクテリアと藻類は水を光分解して生成する水素を還元力とATP生成に用いるが，光合成細菌は硫化物を酸化して水素を得る．前者は，植物と同様に光合成に伴って酸素が発生するが，後者は酸素発生がない．

表 2.1 エネルギー源と炭素源の獲得様式に基づく微生物の分類

微生物の栄養獲得様式	エネルギー源	炭素源	微生物の種類
光合成独立栄養微生物（photoautotrophs）	光	CO_2	シアノバクテリア，藻類，紅色硫黄細菌，緑色硫黄細菌
光合成従属栄養微生物（photoheterotrophs）	光	有機物	紅色非硫黄細菌，緑色非硫黄細菌
化学合成独立栄養微生物（chemoautotrophs）	無機物	CO_2	一部の細菌とアーキア
化学合成従属栄養微生物（chemoheterotrophs）	有機物	有機物	大部分の細菌とアーキア，菌類，原生動物

2.2.2 光合成従属栄養微生物

光合成従属栄養微生物（photoheterotrophs）は，エネルギー源が光，炭素源としておもに有機物を用いるグループであるが，CO_2 を炭素源とすることもできる．紅色非硫黄細菌（purple nonsulfur bacteria）や緑色非硫黄細菌（green nonsulfur bacteria）と呼ばれるものがこれに属する．この両菌は化学合成によっても生育が可能であるため，純粋な意味での光合成従属栄養細菌は現在でも報告されていない．

2.2.3 化学合成独立栄養微生物

化学合成独立栄養微生物（chemoautotrophs）は，無機物の酸化からエネルギーを獲得し，炭素源として CO_2 を用いるグループである．様々な細菌がこのグループを構成し，酸化する無機物の種類によって，硝化菌（nitrifying bacteria）であるアンモニア酸化菌（ammonia-oxidizing bacteria）および亜硝酸酸化菌（nitrite-oxidizing bacteria），水素細菌（hydrogen-oxidizing bacteria），硫黄酸化菌（sulfur-oxidizing bacteria），鉄酸化菌（iron-oxidizing bacteria），メタン酸化菌（methanotrophs）などが知られている．これらの細菌は無機物だけで増殖できるため，単に無機栄養細菌とも呼ばれる．エネルギーの獲得効率が従属栄養微生物に比べてはるかに低いので生育は遅いが，自然界の元素循環に果たす役割は大きい．従来の知見ではこれらのグループはほとんどがプロテオバクテリアであった．しかし最近はアーキアでも同様の化学変化を担うものが見出されるようになってきた．

2.2.4 化学合成従属栄養微生物

化学合成従属栄養微生物（chemoheterotrophs）は，有機物の酸化からエネルギーを獲得し，炭素源としても有機物を用いるグループである．原核微生物である細菌とアーキアの大部分，真核微生物である菌類と原生動物がこのグループに属する．土壌中の有機物分解の中心を成している重要なグループである．また利用される有機物の種類によって化学合成従属栄養微生物を，腐生菌（saprophytes），寄生菌（parasites），共生菌（symbionts）の3つのタイプに分けることができる．ここで腐生とは生物遺体の有機物を栄養分とすることを指し，多くの原核微生物や菌類が含まれる．これに対し寄生は生きている動植物（宿主，hosts）に侵入・感染して栄養分を受け取ることで，寄生によって宿主の生理や生育に悪影響が出る場合，寄生菌は病原菌（pathogens）とも呼ばれる．共生は寄生と同じく宿主に感染して栄養分を受け取るが，同時に宿主へ何らかの栄養分を受け渡す場合を指す．菌根菌や根粒菌が共生菌の代表例である．原生動物は生きた細菌や菌類を食べるが，これは捕食（predation）と呼ばれる．

2.3　土壌微生物の増殖に影響する環境要因

土壌は，有機・無機成分，水分条件，酸素分圧などが不均一で，またその変動が激しい環境である．微生物の増殖や活動は，栄養分濃度をはじめ，種々の環境条件によって影響を受ける．ここではいくつかの環境要因と土壌微生物の増殖との関係について述べる．

2.3.1 栄養分濃度と要求性

一般に土壌中の栄養分濃度は低い．そのため微生物は常に飢餓状態にあり，分裂・増殖を行っているものはわずかであるといわれている．通常よりも低い栄養分濃度の培地を用いれば，低濃度の栄養分に適応した低栄養菌（oligotrophs）を土壌から数多く分離することができる．これに対して，新鮮な動植物遺体や植物根圏，またミミズなどの土壌動物の糞などは局所的に栄養分濃度が高い環境である．このような土壌部位では高い濃度の栄養分に適応して活発な増殖を示す高栄養菌（copiotrophs）を見ることができる．

一方，微生物の栄養要求性はきわめて多様で，化学合成独立栄養微生物のよう

に無機物のみを要求するものから,複雑な栄養要求性を示すものまで様々である.従属栄養微生物においても,グルコースやアミノ酸といった単純な有機物のみを求めるものから,ビタミンやその他生理活性物質を生育因子として要求するものまでが土壌中には存在する.土壌には未同定の有機化合物を含めて多種多様な有機物が存在し,ある種の微生物はそれらの存在下でのみ増殖が可能である.植物根圏のように栄養豊富な環境は,比較的単純な栄養要求性を示す微生物が多いが,非根圏の土壌では土壌抽出液に含まれるような未知の物質を要求する微生物が生息している.

2.3.2 酸素濃度

土壌の気相中の酸素濃度も,微生物の増殖に大きな影響を与える.大気中の酸素濃度（21％v/v）と同じ程度の酸素濃度で活発に増殖する微生物を好気性菌（aerobes）といい,1％v/v 程度の酸素濃度を好むものを微好気性菌（microaerophiles）という.低栄養菌の多くが微好気性であるといわれている.酸素濃度がさらに低く,0.2％v/v 以下でのみ増殖可能な微生物を嫌気性菌（anaerobes）という.また他の環境条件によって,好気と嫌気の両方で増殖できる微生物を通性嫌気性菌（facultive anaerobes）という.絶対嫌気性菌は,スーパーオキサイドや過酸化水素などの活性酸素種（reactive oxygen species）の消去能力を欠くために,好気条件では増殖できないと考えられている.細菌はどのような酸素濃度でも適応した種類がいるが,菌類などの真核微生物は一般的に好気性であり,嫌気性の種類は少ない.

好気性菌および通性嫌気性菌が営む呼吸が,好気呼吸（aerobic respiration）である.好気呼吸では有機物が電子供与体,酸素が最終電子受容体となって ATP が生産される.この過程で酸素は有機物中の水素で還元されて水が生成し,1分子のグルコースから38分子のATPが生産される.これに対し嫌気性菌の多くは,嫌気呼吸（anaerobic respiration）を営んでおり,硝酸呼吸（nitrate respiration）と硫酸呼吸（sulfate respiration）がその代表である.硝酸呼吸は最終電子受容体が硝酸塩であり,水の代わりに窒素ガスが生成するため,硝酸呼吸を行う微生物は脱窒菌と呼ばれている.土壌中には数多くの脱窒菌が存在する.一方,硫酸呼吸は最終電子受容体が硫酸塩であり,硫化水素が生成するため,硫酸呼吸を行う微生物は硫酸還元菌と呼ばれている.

また嫌気性菌は発酵でもエネルギーを獲得する．発酵は電子供与体と最終電子受容体がともに有機物であり，エタノール発酵や乳酸発酵がその代表である．発酵では1分子のグルコースから2分子のATPが生産されるに過ぎず，エタノールや乳酸にはまだ生物が利用できるエネルギーが大量に残されていることが分かる．35億年以上の生物進化の流れの中で，嫌気性菌がまず先に出現し，大気中に酸素が蓄積されることに伴い，好気性代謝能力を持つ微生物が現れたと考えられている．

水田では湛水すると土壌の酸化還元電位が急激に低下し，嫌気性菌が活動を開始する．その結果，酸化還元電位の低下に対応して有機酸の生成，脱窒，マンガンの還元，鉄の還元，硫化水素の発生，水素，メタンの発生などが起こる．この各々の過程には通性または絶対嫌気性菌が関与している．

2.3.3 温度と水分

微生物にはそれぞれ増殖できる温度範囲がある．0-20℃の範囲で増殖できるものを好冷菌（psychrophiles），20-40℃の通常の温度範囲で活発に増殖するものを中温菌（mesophiles），45℃以上の温度で増殖する微生物を高温菌（thermophiles）と呼ぶ．また80℃以上の温度で増殖可能な微生物をとくに超高温菌（hyperthermophiles）と呼んでいる．高温環境に適応しているのは，細菌かアーキアのみであり，真核微生物において60℃以上で増殖できるものはほとんどいない．

土壌環境はしばしば低水分，すなわち乾燥状態になる場合が多い．乾燥やその他の環境ストレスへの適応として，微生物は胞子やシストといった耐久体（persistent form）を形成することが多い．細菌ではグラム陽性菌の一部が胞子をつくる．ファーミクテスに属する *Bacillus* 属や *Clostridium* 属は細胞内に耐乾性や耐熱性を示す内生胞子（endospore）をつくる．またアクチノバクテリアの内，放線菌は菌糸に分生胞子を形成する．糸状菌は一般に増殖のために胞子を形成し乾燥などに対処しているが，とくに子嚢菌類などがつくる厚膜胞子は外壁が厚く厳しい環境に耐える能力が高い．原生動物の多くは乾燥，飢餓，高温などに対処するために，細胞を何重もの外被で包んだシスト（cysts）を形成する．

2.3.4 pHと塩分濃度

土壌のpHと塩分濃度も微生物にとっては重要である．細菌は中性域（pH 5-8）

が増殖に適しているが,菌類は酸性ないし中性域（pH 4-6）が増殖に適している．pH 5 以下で増殖できる微生物は好酸性菌（acidophiles）という．また pH 9 以上で増殖できるものは，好アルカリ性菌（alkaliphiles）と呼ばれる．微生物の多くは，塩分濃度 0.5-5％w/w の範囲内で増殖する．12％以上の塩分を必要とする微生物は好塩菌と呼ばれる．また土壌の低栄養細菌は塩濃度が 0.5％w/w 以下でよく増殖するものが多い．

〈坂本一憲〉

3

微生物バイオマスと群集構造

3.1 土壌中の微生物バイオマスと群集構造

　土壌微生物バイオマス（soil microbial biomass）（以下バイオマスと呼ぶ）は，土壌中に生息する微生物（おもに細菌と糸状菌）の重量を示す．バイオマスCは，微生物体に含まれるCの重量を示し，微生物体乾燥重量の約4割を占めるためバイオマスの指標として用いられる．バイオマスCは，土壌中の全有機態Cの数％である．微生物群集構造（microbial community structure）は，どんな種類の微生物がどれだけ存在しているかを示す．

　微生物は，それぞれの土壌環境に依存して生育できる量や種類はおおよそ決まっている．微生物の大半は，菌体の維持や増殖に有機物を必要とする従属栄養であるため，有機物が供給される場所でバイオマスが高くなる．そのため，バイオマスは，落葉・落枝や枯死材・枯死根，収穫残渣あるいは植物根からの滲出物など有機物の供給量が多い表層土壌で高く，下層へ向かって低下する．また農耕地では，堆肥などの施用による有機物の蓄積とともに増加する傾向がある．さらに黒ボク土では，難分解性の腐植物質が多量に集積するため，単位有機態C当たりのバイオマスCが低い傾向がある（関他，1997）．また，重金属汚染土壌や酸性土壌など微生物にとってストレスのある土壌では，単位有機態C当たりのバイオマスCが低いことが知られている（Anderson and Domsch, 2010）．その他，バイオマスは，粘土含量や団粒の発達程度，CECなどと高い相関がある．つまりバイオマスは，微生物の餌である有機物の供給量と微生物の生息環境によって規定される．

　ある土壌において，バイオマスが常に一定である場合でも，バイオマス中の炭素や養分は絶えず代謝・更新されている．これをバイオマスの代謝回転（turnover）という．バイオマスは，すべてのCや養分が更新される代謝回転速度が数日から

数年と速いので，土壌中の養分循環に大きな影響を及ぼす．バイオマスの元素組成は，おおよそ C：N：P 比＝60：7：1 である（Cleveland and Liptzin, 2007）．また，一般的な畑では，施肥量と同程度である 1 ha 当たりおおよそ 100 kg のバイオマス N が存在する．このようなバイオマス中の養分は，微生物の代謝回転に伴って土壌溶液中に放出され，植物に供給される．そのためバイオマスは，養分の貯蔵庫（sink）と供給源（source）としての役割を持っている．

　土壌微生物は，分解程度および組成が異なる様々な有機物と大きさや化学的な性質が異なる多種多様な鉱物から形成された団粒構造の内外に生息する．つまり土壌中には，微生物にとって住み場所や餌が多様な生育環境がある．そのため土壌中には，多様な環境条件に適応した多様な微生物が生息しているので，微生物群集構造の多様性はきわめて高い．また，たとえば糸状菌は，リグニンを完全に分解でき酸性にも強いので，強酸性の森林土壌では糸状菌が優先するなど，土壌の特性に応じて生育する微生物群集構造は大きく異なる．

3.2　微生物バイオマスと群集構造の測定法

3.2.1　バイオマス C の測定法とその応用範囲

　バイオマス C を測定する方法は，1970 年代にクロロホルム燻蒸培養（chloroform fumigation-incubation：FI）法が提案されて以来，クロロホルム燻蒸抽出（chloroform fumigation-extraction：FE）法，基質誘導呼吸（substrate-induced respiration：SIR）法やアデノシン 5′-三リン酸（ATP）法など，微生物の生化学反応を利用した測定法が開発されてきた（表 3.1）（ただし FI 法は現在使用例が少ない）．また，細胞膜に存在するリン脂質脂肪酸（phospholipid fatty acid：PLFA）や遺

表 3.1　バイオマス C の測定法とその応用範囲

バイオマス C	その他の定量
FE 法	バイオマス N, P, S, K など
SIR 法	細菌と糸状菌の割合
ATP 法	なし
PLFA	群集構造
DNA	群集構造（DGGE 法，T-RFLP 法，DNA アンプリコンシーケンスなど）

伝情報を担う DNA といったバイオマーカーを土壌から抽出し分析することで，バイオマス C や群集構造を推定する方法が近年よく用いられている（表 3.1）．その他，直接検鏡法やバイオマーカーとしてキノンの量や種類の測定，糸状菌量の指標としてエルゴステロール量の測定などがある．

これらの生化学的手法は，比較的簡単で，相互に似た値を出し，再現性も高い．本節では，実験手法とその応用範囲を簡単に説明する．詳細は，『改訂新土壌微生物実験法』（2012）などを参照してほしい．

3.2.2　FE 法

バイオマス測定にもっともよく用いられる方法である．土壌をクロロホルム蒸気で燻蒸処理すると，バイオマスの大半は死滅し，その一定画分が可溶化する．そのため，燻蒸土壌を硫酸カリウム溶液などで抽出し，溶液中の全有機態 C 量を定量すると，非燻蒸土壌より多くなる．そこで，燻蒸土壌と非燻蒸土壌の抽出溶液中の有機態 C 量の差に一定の係数（0.45）を乗じ，バイオマス C を算出する．FE 法の利点は，バイオマス C に加えて，バイオマス中の N, P, S, K なども定量できることである．これによって，バイオマスを循環する養分に関する研究が進展している．

3.2.3　SIR 法

土壌に易分解性基質（おもにグルコース）を添加すると，その分解に伴い CO_2 が放出される．この基質分解初期の CO_2 放出速度はバイオマス C に比例するため，これに一定の係数を乗じバイオマス C を算出する．SIR 法では，抗生物質などの選択的阻害剤を併用することにより，糸状菌と細菌の比を求めることができる．

3.2.4　ATP 法

ATP は，生菌体内に存在し，細胞死および細胞外で速やかに分解されることから，バイオマス C の指標となる．土壌から抽出された ATP は，ルシフェリン-ルシフェラーゼ反応による生物発光を利用して定量する．

3.2.5　PLFA

微生物の細胞膜成分である PLFA は，生菌体由来であるため，バイオマス C の指標となる（Joergensen and Emmerling, 2006）．また，グラム陰性菌の多くは直鎖型脂肪酸，グラム陽性菌の多くは分枝型脂肪酸，糸状菌など真核生物は不飽和脂肪酸を有するなど，微生物によって PLFA 組成が異なる．そのため，土壌中の PLFA 組成を測定することで，その土壌微生物の群集構造を大まかに推定できる．土壌からクロロホルム−メタノール（1：2）を用いて抽出された PLFA は，ガスクロマトグラフィーで分子種を同定できる．

3.2.6　DNA

土壌中の微生物を分離培養せず，直接土壌から DNA を抽出し，それに分子生物学的手法を応用する研究は，土壌微生物学を大きく発展させた（詳細は第 9 章参照）．本章では，抽出された DNA 量はバイオマス C の指標となること（Anderson and Martens, 2013），PCR 法によって目的遺伝子を増幅させてから解析することで，群集構造を推定できることを言及するにとどめる．群集構造の推定には，抽出された DNA を鋳型に，small subunit rRNA（ssrRNA：バクテリアでは 16S rRNA，糸状菌では 18S rRNA）遺伝子などを PCR 増幅し，その増幅断片を変性剤濃度勾配電気泳動（denaturing gradient gel electrophoresis：DGGE）により分離・解析する手法（DGGE 法）や，制限酵素により長さの異なる断片として分離・解析する手法（末端標識制限酵素断片多型（terminal restriction fragment length polymorphism：T-RFLP）法）などがある．近年では，PCR 増幅した遺伝子の塩基配列を次世代シークエンサーによって網羅的に解析し，分類・同定する手法（DNA アンプリコンシーケンス）を用いた研究例が増えている．

3.3　微生物バイオマスを介した土壌有機物循環

土壌微生物のもっとも重要な働きは，土壌に新たに供給された植物遺体などの有機物あるいは土壌中に大量に蓄積している腐植物質などの土壌有機物を分解し，有機物中に含まれる養分を植物に再供給することである．ここで有機物分解とは，菌体外酵素の働きによりセルロースなどの高分子有機物がグルコースなどの可溶性の低分子有機物（基質）に分解される過程と，基質が微生物に吸収・無

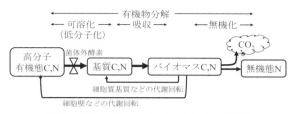

図 3.1　土壌中でのバイオマスを介した C, N 循環

機化される過程を総称する（図 3.1）．また，吸収された基質 C のうち CO_2 として放出されずに菌体合成（つまりバイオマス C の増加）に使われる割合を基質利用効率（substrate use efficiency）という．さらにバイオマスは，その代謝回転により一部が土壌有機物となる．その際，細胞壁などは高分子有機物に，細胞質基質などは可溶性の低分子有機物となる．

3.4～3.6 節では，有機物の分解過程におけるバイオマスや群集構造の重要性を示す研究成果として，①土壌中の N 循環に与える有機物施用の影響，②乾燥再湿潤の影響，③土壌への C・N 供給量の増加の影響，の 3 点について紹介する．

3.4　土壌中の N 循環に与える有機物施用の影響

3.4.1　養分の貯蔵庫と供給源としてのバイオマスの重要性

はじめに，作物残渣や堆肥などの有機物が土壌に新たに施用された場合の N 循環に与えるバイオマスの役割について考える．有機物が土壌に施用されるとバイオマスが増加する．このとき，家畜糞尿由来堆肥など C/N 比の低い有機物が土壌に施用された場合は，その分解過程で可溶化された N がバイオマスに吸収され，そのうち菌体合成に使用されなかった分が無機態 N（おもに NH_4-N）として土壌溶液へ放出される．これを，正味の N 無機化（net N mineralization）という（図 3.2a）．一方，作物残渣など C/N 比の高い有機物が土壌に施用された場合は，その分解過程で可溶化された N はすべて菌体合成に使用され，さらに不足分を土壌溶液中にもともと存在する N を吸収することで補う．これを，正味の N 不動化または N 有機化（net N immobilization）という（図 3.2b）．一般に，新たに供給された有機物の C/N 比が 20 以下だと N 無機化，25 以上だと N 不動化が起こるといわれている．ただし，有機物の C/N 比以外にも，微生物の基質利用効率やバイ

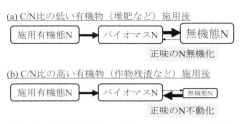

図 3.2 有機物施用後のバイオマスを介した N 循環
(a) C/N 比の低い有機物を施用した場合，バイオマスは無機態 N の供給源となる．
(b) C/N 比の高い有機物を施用した場合，バイオマスは無機態 N の貯蔵庫となる．

オマス中の C/N 比も N の無機化・不動化に影響を与える．このようにして増加したバイオマス N は，その後，微生物の死滅とともに無機化され，それが植物の養分となる．つまりバイオマスは，養分の貯蔵庫と供給源として働く．

3.4.2 バイオマスを利用した作物の増収効果

次に，東アフリカのタンザニアの粗放的農業において，養分の貯蔵庫と供給源としてのバイオマスの役割を巧みに利用し，増収につなげた研究を紹介する．明瞭な乾季と雨季のある半乾燥熱帯では，雨季初期の降雨によって 1 ha 当たり約 50 kg の N が溶脱する（Sugihara et al., 2010）．そこで，Sugihara et al. (2012) は，雨季初期に C/N 比約 70 の作物残渣を施用し，それが N 溶脱と作物収量にどう影響するかを調べた．その結果，雨季初期に，残渣の施用に伴うバイオマスによる N 不動化によって N 溶脱量が約 40% 抑えられた．また，生育（雨季）後期に，バイオマス N の代謝回転による無機態 N の再供給によって作物収量が約 20% も増加した．以上のように，化学肥料を購入する資金の乏しい発展途上国の粗放的農業においては，養分の貯蔵庫と供給源としてのバイオマスの役割を活用することで，養分の流亡を可能な限り防ぎつつ，効率的に作物に養分を吸収させ，増収につなげられることが示された．

3.4.3 バイオマスを利用した養分溶脱リスクの回避

以上のような粗放的農業における養分の重要性とは逆に，日本では，全国平均で作物吸収量の 2 倍以上の N が化学肥料や堆肥などで土壌に施肥（施用）されている（Mishima et al., 2009）．このような過剰な N 投入は，NO_3^- 溶脱や NH_3 揮散，

N_2O 放出のような農地系外への N 流亡を引き起こし，大気や水系の汚染，土壌酸性化，オゾン層の破壊や地球温暖化の原因となる（詳細は第 5 章参照）．そのため，日本のように容易に化学肥料を購入できる先進国では，作物収量を上げるだけでなく，作物の養分要求と土壌からの養分供給のバランスを維持し，農地系外への養分流亡をできるだけ抑制することが重要となる．そこで，Herai *et al.*(2006) は，C/N 比約 30 のおがくずコンポストの施用が，NO_3^- 溶脱とトウモロコシ収量に及ぼす影響を調べた．その結果，バイオマスによる N 不動化が起こり，トウモロコシの収量を減少させることなく NO_3^- 溶脱量を減少できることが示された．このように，化学肥料の施肥などによって収量を上げることのできる先進国の農業においても，養分の貯蔵庫と供給源としてのバイオマスの役割を活用することで，農地系外への養分流亡といった環境問題を解決する糸口を見出せることが示された．

以上の研究成果は，土壌に有機物を多量に施用し人為的にバイオマスを増加させることによって，その貯蔵庫と供給源としての役割を活用できることを示したものである．では次に，土壌にもともと存在している有機物（土壌有機物）の分解過程におけるバイオマスや群集構造の重要性を示した研究成果を紹介する．

3.5　土壌有機物分解に与える乾燥再湿潤の影響

3.5.1　土壌の乾燥再湿潤による有機物分解メカニズム

将来の気候変動を予測するモデルは，温暖化のみでなく，降雨のタイミングや量が変化し，世界中で降雨のない期間が長くなり一回の降雨量が増加すると予測する（IPCC, 2007）．日本においても，将来降水量が 1 mm 以下の日数が増加し一回の降雨量が増加するとされる（気象庁，2013）．その場合，表層土壌は，降雨のない期間における乾燥とその後の降雨による湿潤（乾燥再湿潤）を経験する回数が増加する．ところで，土壌有機物分解モデルでは，気温の変化と比較して，降水量の変化に対する応答予測が不確実である(Carvalhais *et al.*, 2014)．そのため，降水量の変化に対する土壌有機物分解の変化を予測し，そのメカニズムを解明することは，重要な課題である．

土壌が乾燥再湿潤されると，CO_2 や養分の急激な放出が生じることが知られており，最初の発見者の名前を取ってバーチ効果と呼ばれている（Birch, 1958）．日

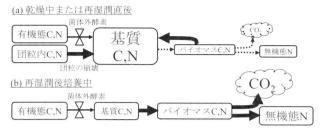

図 3.3 乾燥再湿潤によるバイオマスを介した C, N 循環
(a) 乾燥中または再湿潤直後に，バイオマス由来あるいは土壌有機物由来の基質量が増加する．(b) 再湿潤後培養中に，増加した基質の急激な無機化が起こる．

本では，水田において，冬季から初春の土壌の乾燥が湛水後の N 無機化量の増加を引き起こし，水稲の収量を増加させることが乾土効果として知られてきた（塩入，1948）．また，明瞭な乾季と雨季のある半乾燥熱帯では，雨季初期における N 無機化量の増加が作物生育を支える（Singh et al., 1989）．このようなバーチ効果は，乾燥中または再湿潤直後に基質量が急激に増加し，その後の湿潤期間中に，その基質が分解されることで CO_2 や養分放出が起こることによる（図 3.3）（Xiang et al., 2009）．増加する基質には，バイオマス由来と土壌有機物由来がある．バイオマス由来は，①乾燥再湿潤によって死滅した菌体由来と，②乾燥による土壌溶液中の浸透圧増加に対抗するために細胞内に蓄積した浸透圧調整物質（低分子有機物であるトレハロースなどの糖やベタインなどの第四級アンモニウム化合物など）が再湿潤による急激な浸透圧低下に伴って細胞外に放出されるものがある．土壌有機物由来は，①乾燥再湿潤による団粒の崩壊によって放出される団粒内の易分解性有機物と，②乾燥中にも粘土鉱物などに吸着した菌体外酵素が有機物の加水分解を行うことによって蓄積した分解産物がある．

3.5.2　土壌の乾燥再湿潤による有機物分解におけるバイオマスの重要性

次に，土壌の乾燥再湿潤による有機物分解におけるバイオマスの重要性を示した研究を紹介する．これまでに構築された一般的な土壌有機物分解モデルには，有機物分解を制御する要因として，土壌温度や水分，粘土含量などが組み込まれているが，バイオマスや群集構造など微生物要因は組み込まれていない．しかし少数ではあるが，バイオマスとその増減，あるいは細胞維持のための代謝，菌体

外酵素活性といった微生物要因を組み込んだモデルも構築されている（Schimel et al., 2003）．そこで，Lawrence et al.（2009）は，乾燥再湿潤による CO_2 放出速度の経時変化に対して，一般的な有機物分解モデルと微生物要因を組み込んだモデルを用いてシミュレートし両者を比較した．その結果，CO_2 放出速度の経時変化は，微生物要因を組み込んだモデルの方が，量もタイミングもより正確にシミュレートできた．またこの結果は，乾燥再湿潤により基質量が急激に増加し，バイオマスが吸収できる基質量の上限を超えたため，バイオマスが基質吸収速度（つまり CO_2 放出速度）を制限したことによると考察された．

また Sawada et al.（2016）は，実際に，乾燥再湿潤によってバイオマスが CO_2 放出速度を制限する状況が起こることを実験的に示した．この研究では，アジア各地の森林や耕地土壌において，1 週間乾燥後再湿潤する処理によって，バイオマス C と CO_2 放出速度がどのように変化するかを調べた．その結果，降水量が少なく乾燥履歴が多いカザフスタンの森林・草地土壌や，植生が少なく乾燥しやすい耕地土壌では，微生物が乾燥耐性を獲得していたため，乾燥再湿潤によってもバイオマスがほとんど減少せず，死菌体由来の基質量が増加しなかった．そのため，基質量はバイオマスが吸収できる基質量の上限を超えなかったので，バイオマスに関係なく，基質 C が時間当たり一定の割合で（つまり一次反応式に従って）微生物に吸収され CO_2 が放出された（図 3.4）．このような CO_2 放出速度の経時変化は，一般的な有機物分解モデルで予測可能である．一方，降水量が多く樹冠やリター層の影響で乾燥履歴が少ない日本森林土壌では，乾燥再湿潤によってバイオマスが約 70% 減少し，死菌体由来の基質量が急激に増加した．この増加した基質量が，バイオマスが吸収できる基質量の上限を超えたため，バイオマスが CO_2 放出速度を制限した．さらにその後，微生物増殖によりバイオマスが増加すると，それが CO_2 放出を加速させた．このような CO_2 放出速度の経時変化は，微生物要因が組み込まれていない一般的な有機物分解モデルでは予測できない．以上から，乾燥履歴の少ない土壌が今後の気候変動で乾燥再湿潤されるようになると，CO_2 放出速度はバイオマスが制限するため，微生物要因が組み込まれていない一般的な有機物分解モデルでは予測できないことが示された．

3.5.3 土壌の乾燥再湿潤による有機物分解における群集構造の重要性

最後に，乾燥再湿潤による有機物分解における微生物群集構造の重要性を示し

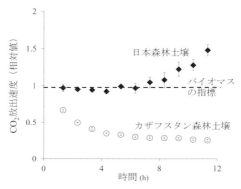

図 3.4 乾燥再湿潤後の CO_2 放出速度

基質誘導呼吸速度（バイオマスの指標）を1とする．Sawada et al. (2016) のデータをもとに作図．乾燥履歴が多いカザフスタン森林土壌では，バイオマスに関係なく一次反応式に従って CO_2 が放出された．一方，乾燥履歴が少ない日本森林土壌では，死菌体由来基質を吸収して微生物が増殖し，それが CO_2 放出を加速させた．

た研究を紹介する．de Vries et al. (2012) は，集約的な小麦畑と粗放的な草地の土壌において，乾燥再湿潤後の CO_2 放出量や N 溶脱量を比較した．また，微生物群集構造がそれらにどのような影響を与えるかを解析した．その結果，乾燥再湿潤後の CO_2 放出量は，細菌に対して糸状菌の割合が高いほど低くなり，糸状菌主体の草地土壌では乾燥再湿潤の影響が小さいことが示された．また，乾燥再湿潤後の N 溶脱量は，群集構造の多様性が高いほど低くなることも示された．つまり，非耕起などできるだけ粗放的に土壌を管理し，土壌中の微生物群集構造を糸状菌主体で多様性が高くなるように維持することが，乾燥再湿潤後の土壌有機物無機化の抑制に大きく寄与することが示された．

以上から，将来の降水量の変化に対する土壌有機物分解の変化を理解・予測するためにも，乾燥再湿潤によってバイオマスや群集構造がどのように変化し，それが有機物分解にどう影響するかを解明することは，今後の重要な課題である．

3.6 土壌有機物分解に与える C・N 供給量の増加の影響

3.6.1 土壌への C 供給量の増加による有機物分解促進メカニズム

大気中の CO_2 濃度は，産業革命頃の 280 ppm から今日までに約 100 ppm 以上

上昇し，今世紀の終わりには 540-970 ppm になる．大気 CO_2 濃度の上昇は，地球温暖化の原因になると同時に，植物の光合成にも直接影響する．つまり植物は，CO_2 濃度が高いほど光合成によって CO_2 をより多く吸収し成長する．これを CO_2 施肥効果という．植物の光合成が促進されると，落葉落枝や根からの滲出物などの有機物が土壌へより多く供給されるようになる．では，土壌への有機物供給量が増加すると，土壌有機物蓄積量は増加するだろうか？ 実はそうとは限らない．Sayer et al.（2011）は，土壌へのリター供給量の増加は，土壌有機物分解を促進したため，土壌への有機物蓄積量の増加にはつながらなかったと報告している．これは，土壌へ新たに供給された有機物を吸収した微生物が活発になり，土壌にもともと蓄積していた有機物まで分解すること（プライミング効果（priming effect）という）による．プライミング効果によって CO_2 放出量が最大で約 380％増加した例が報告されている（Cheng, 2009）．このように，プライミング効果が土壌有機物分解に与える影響は大きいので，プライミング効果を引き起こす要因を明らかにすることは，将来の大気 CO_2 濃度の増加に伴う土壌有機物循環の応答の解明に重要である．

3.6.2 プライミング効果におけるバイオマスと群集構造の重要性

2008 年，「土壌有機物分解は，微生物バイオマスや活性，群集構造に規定されない」という挑戦的な仮説を検証した論文が発表された（Kemmitt et al., 2008）．この研究では，まずクロロホルム燻蒸により，バイオマス C が 70％以上減少し，群集構造が変化（とくに糸状菌の割合が低下）した土壌が作成された．そして，燻蒸土壌と非燻蒸土壌において，処理後 30 日以降に，CO_2 放出速度が測定された結果，両土壌に差がないことが示された．つまり，バイオマスが大きく減少し群集構造が変化しても有機物分解速度は変化しないことから，上記の仮説は実験的な証拠に支えられると結論付けられた．この仮説に対して的確に反証し，土壌有機物分解におけるバイオマスと群集構造の重要性を示した研究として，Garcia-Pausas and Paterson（2011）のプライミング効果に関する研究を紹介する．この研究では，Kemmitt et al.（2008）と同様に，まずクロロホルム燻蒸により，バイオマス C が 70％以上減少し，糸状菌の割合が低下した土壌が作成された（図 3.5）．その後，非燻蒸土壌と燻蒸土壌において，処理後 19 日以降の CO_2 放出速度を測定すると，Kemmitt et al.（2008）と同様に，両土壌で差がなかった．また，少量

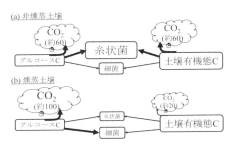

図 3.5 非燻蒸土壌と燻蒸土壌におけるグルコース（計 360 μg C g^{-1} soil）添加後の C 循環
数字はグルコース添加によって増加した CO$_2$ 放出量（μg C g^{-1} soil）．Garcia-Pausas and Paterson (2011) のデータをもとに作図．(a) 非燻蒸土壌では，糸状菌による土壌有機物の無機化促進（プライミング効果）が起こった．(b) 燻蒸土壌では，プライミング効果は小さかった．

のグルコースを添加後 9 日間の全 CO$_2$ 放出量も両土壌で差がなかった．ところが，^{13}C 標識グルコースを用いて，全 CO$_2$ 放出量をグルコース由来 CO$_2$ と土壌有機物由来 CO$_2$ に分けて測定した結果，非燻蒸土壌では，グルコースを添加しない場合と比べて土壌有機物由来 CO$_2$ 放出量が約 60 μg C g^{-1} soil 増加したが（図 3.5a），燻蒸土壌では約 20 μg C g^{-1} soil 増加したのみだった（図 3.5b）．つまり燻蒸土壌では，プライミング効果が小さかった．この理由として，非燻蒸土壌では，グルコース添加によって，難分解性有機物を分解できる糸状菌が増加したため，土壌有機物分解が促進されたが，燻蒸土壌では，グルコース添加によっても，細菌のみが増加し，糸状菌が増加せず，土壌有機物分解がほとんど促進されなかったためと考察された．また，全 CO$_2$ 放出量を測定するだけでなく，その CO$_2$ の由来を詳細に解明することによって，有機物分解におけるバイオマスや群集構造の重要性が明らかとなった．

3.6.3 土壌への N 供給量の増加が有機物分解とバイオマスに及ぼす影響

近年，工業的な NH$_3$ 合成や化石燃料の燃焼などの影響により，大気中の N 化合物濃度が増加している．N 化合物は，雨に溶けるなどして土壌へ供給される．土壌への N 供給は，平均して 1890 年頃の 5 倍近くになっている．そこで，土壌への N 供給量の増加が土壌有機物分解やバイオマスに及ぼす影響について着目する．

微生物が利用可能なN（可給態N）が少ない土壌では，微生物は，基質Cを吸収しても，Nを多く含むタンパク質などの生合成ができないため，余ったCをCO_2として放出する．これをオーバーフロー代謝と呼ぶ（Schimel et al., 2003）．このような土壌へのN供給量が増加すると，微生物は基質Cを生合成に使用するようになるため，CO_2放出が抑制される．さらに，土壌へのN供給量の増加によって，プライミング効果も抑制されることが知られている（Blagodatskaya et al., 2007）．つまり，可給態Nが少ない土壌の微生物は，土壌有機物中のNで不足分を補おうと，有機物をどんどん分解してNを採掘（マイニング）する．そのため，このような土壌へのN供給量が増加すると，Nマイニングが抑えられるため，プライミング効果が抑制される．以上から，可給態Nが少ない土壌へのN供給量の増加は，土壌からのCO_2放出量を抑制するようになる．

大気CO_2濃度の増加によって，どの程度，土壌へのC供給量が増加するかは定かではない．また，N供給量は，都市近郊で多くなるなど，空間的変動が大きい．さらに，熱帯など，NよりもPが養分制限になっている地域では，N供給量の増加の影響は少ないだろう．そのため，様々な土壌において，土壌へのC・N供給量の増加がバイオマスや群集構造にどのように影響を及ぼし，それが土壌有機物のどのような画分の分解促進（あるいは遅延）に影響するかを解明することは，今後の重要な課題である．

3.7 環境変動とバイオマス動態

現在の一般的な土壌有機物分解モデルでは，バイオマスや群集構造は，ほとんど変動せず（疑似定常状態という），有機分解を制限しないことを仮定している．これまでは，このようにバイオマスや群集構造をブラックボックスとして扱うことが，土壌有機物分解を予測するうえで問題になることはあまりなかった．しかし将来は，気候・大気環境変動によって，異常気象や極端現象が頻発し激化することが予測されている．そのため，将来は，現在仮定されている疑似定常状態が成り立たなくなる状況が増加するかもしれない．つまり，基質量が急激に増加し，バイオマスが吸収できる基質量の上限を上回ることで，バイオマスの増加や群集構造の変化が起こり，それが有機物分解を促進させる可能性がある．本章では，その具体的な例として，農耕地における有機物の施用，土壌の乾燥再湿潤，

大気環境変動によるC・N供給量の増加について述べてきた．それ以外にも，将来，土壌環境にどのような変動がもたらされるかは定かではない．そのため，将来の気候変動下における土壌有機物分解を理解・予測するためにも，様々な土壌において，多様な環境変動がどのようにバイオマスや群集構造を変化させ，それが有機物分解にどう影響するかを解明することは，今後ますます重要になるだろう．

〈沢田こずえ〉

4
炭素の循環
―土壌有機物の分解と炭素化合物の代謝―

　土壌は，砂や粘土などの無機物，植物遺体や腐植物質などの有機物，そして多様な微生物や昆虫などの生物から構成されている．一般的な無機質土壌（mineral soils）では，有機物の占める割合は無機物と比べると少ないが，有機物が土壌の化学性，物理性および生物性に与える影響はきわめて大きい．

　土壌有機物（soil organic matter）は，様々な有機化合物が入り混じった相互的混合物として存在しており，定量的に動態や循環を論じる場合には，その主要構成元素である炭素，すなわち土壌有機炭素（soil organic carbon）として捉えられる．土壌有機物の半分以上を占める腐植物質（humic substances）が，平均して約58％の有機炭素を含むことから，有機炭素量に1.724を乗じた値を土壌有機物量と評価することもある．

　一方，一部の土壌には炭酸塩鉱物（carbonate minerals）や炭化物（charred materials）などの無機炭素あるいは元素状炭素が含まれることがあり，土壌有機炭素とともに重要な役割を果たしている．本章では，植物生産機能や環境浄化機能，保水性や透水性など，土壌に様々な機能を与える土壌有機炭素を中心に解説する．

4.1　土壌有機炭素

4.1.1　地球規模の炭素循環と土壌

　地球規模の炭素循環の模式図を示した（図4.1）．炭素循環を支配する重要な経路は，陸域の植物や水域の植物プランクトンなどによる光合成である．光合成によって，大気中の二酸化炭素が太陽エネルギーを用いて有機炭素化合物（有機物）へと変換される．合成された有機物は様々な生体成分へと変換されるとともに，呼吸により生物のエネルギー源として利用され再び二酸化炭素へと戻る．光合成

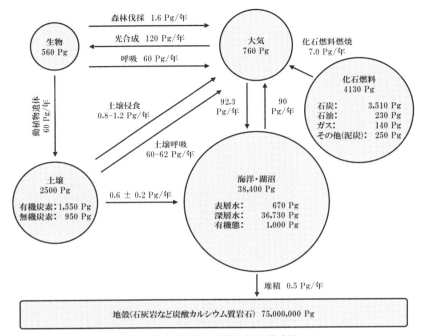

図 4.1 地球規模での炭素循環の模式図
四角ないし丸で示した枠内の数字は主要な炭素プールに含まれる炭素現存量．矢印横に示した数字は各プール間の1年間当たりの炭素フローを示す．
数値は IPCC（2007）および Lal（2008）を参考に一部修正して用いた．

により植物の生体成分となった有機物の一部は，落葉落枝などの植物遺体として土壌に供給され，土壌中で分解や様々な形態変化を受けて，一部は土壌有機物となって残存し，最終的には二酸化炭素として大気に戻る．

地表から深さ1mまでの土壌には，約2500 Pg（ペタグラム，10^{15} g）の炭素が存在すると見積もられている．地上の生物（560 Pg）や大気（760 Pg）に含まれる炭素の約2倍もの炭素が土壌中に存在している．土壌中に存在する炭素の60％以上が有機炭素である．土壌には，動植物遺体，とくに植物の落葉落枝や枯死した根により年間60 Pgの有機炭素が供給される．一方，土壌の微生物や動物による有機物分解，いわゆる土壌呼吸（soil respiration）に伴って，年間約60–62 Pgの炭素が二酸化炭素として大気に放出される．これ以外にも，土壌侵食や炭酸塩

の溶脱などにより，年間約 1.5 Pg の炭素が土壌から排出される．

1 年間に土壌に供給される有機炭素量 60 Pg と，土壌から排出される炭素量 60 Pg とが同じであれば土壌に存在する炭素量は変化しない．しかしながら，人間活動による不適切な土地管理や森林破壊などにより，土壌有機炭素の分解量が 60 Pg を上回るとすれば，土壌の有機炭素量は減少する．その結果，土壌の様々な機能が低下して植物の再生産能力を保証できない現象，いわゆる土壌劣化（soil degradation）を引き起こしたり，大気中の二酸化炭素濃度を増加させることにより気候変動（global climate change）を引き起こしたりすることになる．持続的な食糧生産や地球規模の環境保全にとって，土壌の炭素循環が大きな影響を与えることは明白である．

4.1.2　土壌中での有機物分解

各土壌における有機炭素量は，その土壌での有機物としての炭素添加量（gain）と，土壌中での有機物分解に伴う炭素排出量（loss）のバランスにより決定される．土壌有機炭素の供給源はおもに植物である．動物も，その排泄物や遺体を通じて有機炭素を土壌に供給するが，その量は植物と比べて圧倒的に少ない．

a. 植物遺体の構成有機物

植物遺体から供給される有機物には，糖類・デンプンやセルロースなどの炭水化物，タンパク質，リグニンやフェノール類などが含まれる（図 4.2）．もっとも多く含まれるのはセルロースやヘミセルロースであり，その次が植物細胞壁の構成成分であるリグニンである．多環構造やフェノール構造を持つリグニンは，生長の進んだ植物や木本植物に多く含まれる．これら有機物の分解速度は異なり，糖類，デンプンやタンパク質は分解されやすく，次いでヘミセルロースやセルロースが分解され，脂質やリグニンなどはもっとも分解されにくい．

b. 土壌生物と酸化還元電位の影響

土壌中で植物遺体に含まれる有機物が分解される過程では，まず土壌動物などによる粗大有機物の破砕，土壌中への引きずり込みや攪拌が起こる．その後，土壌微生物による酵素的酸化反応（enzymatic oxidation）により高分子化合物が徐々に低分子化し，最終的には無機化される．

土壌微生物による酸化的な有機物分解においては，土壌の分子状酸素濃度と酸化還元電位が大きく影響する．分子状酸素濃度が高い酸化的な条件の土壌では，

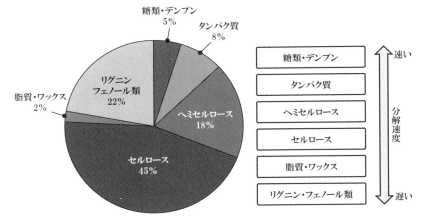

図 4.2 植物遺体に含まれる各種有機物の割合と土壌中での分解速度
土壌に供給される植物や動物の遺体に含まれる生体成分が土壌中で分解される速度を模式的に示した．Brady and Weil（2008）を参考に一部を修正して示した．

比較的速やかに有機物分解が進行する．畑土壌のように，耕起作業や排水改良などによって通気性を高めた条件では有機物分解がより速くなる（4.1.5項参照）．一方，分子状酸素濃度が低く酸化還元電位が低い条件の土壌では，硫酸塩イオン（SO_4^{2-}）や酸化鉄鉱物（Fe_2O_3）などの酸化体に含まれる酸素を用いた分解が行われるため，有機物分解の速度は遅い．

c. 有機物の C/N 比

土壌および植物遺体に含まれる全炭素量と全窒素量のバランス（C/N 比）も有機物の分解速度に大きな影響を与える．

植物遺体の C/N 比は，植物の種類や部位，生育ステージなどにより大きく異なるが，マメ科植物の若い茎葉を除くと，おおむね30-600の範囲である．土壌のC/N 比は，土壌深さや土壌型によって異なるものの，表層では8-15程度である．一方，細菌や糸状菌などの微生物のC/N 比は5-10と低い．土壌微生物がC/N 比の高い有機物を分解するためには，土壌から窒素を多く取り込む必要があり，窒素の有機化（immobilization）が起こる．このため，C/N 比が高い有機物は，C/N 比が低い有機物と比べて分解速度が遅く，かつ土壌中の無機態窒素を植物と奪い合うことになるため，いわゆる窒素飢餓（nitrogen starvation）を生じる．

4.1.3 土壌有機炭素の増減と決定要因

繰り返しになるが，土壌中の有機炭素量の現存量とその増減を支配するのは，その土壌での有機物としての炭素添加量と，土壌中での有機物分解に伴う炭素排出量のバランスである．すなわち，土壌にどれだけの量のどのような種類の植物遺体が毎年供給されるのか，それらの遺体がどれだけ酸化分解されたり，土壌侵食により失われたりするかの平衡状態が炭素現存量となる．

a. 土壌型による違い

土壌有機物の現存量は，気候や植生などの土壌生成因子の違いを強く反映する．母材，地形および時間などの因子に起因する土壌の粒径組成や排水性の違いも，土壌有機物の安定性や分解速度に影響を及ぼす．そのため，土壌型によって土壌有機炭素量は著しく異なる．

深さ 0-100 cm までの，世界の土壌における有機態および無機態炭素の現存量をアメリカ土壌分類（soil taxonomy）の土壌群別に示した（表 4.1）．エンティソル（Entisols）やインセプティソル（Inceptisols）のように比較的未熟で新しい土壌，およびオキシソル（Oxisols）やウルティソル（Ultisols）のような熱帯地域に広く

表 4.1 世界の土壌における有機態および無機態炭素の現存量

土壌群	土地面積 (10^3 km^2)	土壌深さ 0-100 cm の炭素量				面積当たり (Gg km^{-2})
		有機態 (Pg)	無機態 (Pg)	合計 (Pg)	割合 (%)	
エンティソル	21,137	90	263	353	14.2	16.7
インセプティソル	12,863	190	43	224	9.0	17.4
ヒストソル	1,526	179	0	180	7.2	118.0
アンディソル	912	20	0	20	0.8	21.9
ジェリソル	11,260	316	7	323	12.9	28.7
バーティソル	3,160	42	21	64	2.6	20.3
アリディソル	15,699	59	456	515	20.6	32.8
モリソル	9,005	121	116	237	9.5	26.3
スポドソル	3,353	64	0	64	2.6	19.1
アルフィソル	12,620	158	43	201	8.0	15.9
ウルティソル	11,052	137	0	137	5.5	12.4
オキシソル	9,810	126	0	126	5.1	12.8
その他	18,398	24	0	24	1.0	1.3
合計	130,795	1,526	940	2,468	100.0	18.9

Eswaran *et al.*（2000）より引用．一部加筆して示した．

分布する土壌では，面積当たりの炭素量が少ない．アンディソル（Andisols）やモリソル（Mollisols）のように温帯〜半乾燥地域に広く分布し，土壌有機物に富む黒色の表層を有する土壌では炭素量が多い．乾燥地域に分布するアリディソル（Aridisols）は，炭酸カルシウムなどの無機態炭素を多く含むため，炭素現存量は世界全体の約20％を占める．一方，有機質土壌であるヒストソル（Histosols）は，面積当たりの炭素現存量が無機質土壌の5-10倍と著しく多い．

b. 気候と植生の影響

気温，降水量および蒸発散量などの気候は，植物によるバイオマス生産量と微生物による有機物分解量の両方に影響を与える重要な因子である．ある程度の土壌水分量が保障される条件においては，気温が上がれば植物バイオマス生産量は増加する．ただし，気温が30℃を超えると植物バイオマス生産量はむしろ減少する．一方，微生物による有機物分解量は気温が上がるほど増加し続ける．そのため，熱帯地域では植物バイオマス生産量に対して微生物分解量が多くなり，有機物の蓄積量は少ない．

一方，乾燥地や半乾燥地のように土壌水分量が少ない条件においては，寒冷で蒸発散量が少なく降水量がやや多い地域で草本植物の生育が良好となり，草本植物の根に由来する植物バイオマス生産量が多いために有機物の蓄積が多い．

c. 粒径と排水の影響

母材や地形などの因子に起因する土壌の粒径組成や排水性の違いは，ある一定の地域における有機物の生産量と分解量に大きな影響を及ぼす．

母材が細粒質である，あるいは風化時間の経過とともに粘土およびシルト画分が多くなった土壌は，粗粒質あるいは砂質な土壌と比べて土壌有機物の現存量が多い．粘土やシルトがある程度多い土壌では植物バイオマス生産量が増加すること，粘土と腐植物質が複合体を形成して微生物による分解を受けにくくなることなどが要因として挙げられる（4.1.5項参照）．

微地形の違いや下層に細粒質な土層が存在することにより排水性が不良な土壌は，排水性が良好な土壌と比べて微生物による有機物の酸化的分解が抑制されるため，土壌有機物が蓄積しやすい．北海道十勝地域の未耕地において，ほぼ同じ火山灰から生成した黒ボク土（Andisols）について，排水良好な条件下で生成した淡色黒ボク土（Hapludands）と，排水不良条件下で生成した普通多湿黒ボク土（Melanaquands）における全炭素量の深さ別分布を示した（図4.3）．断面写真か

4.1 土壌有機炭素   45

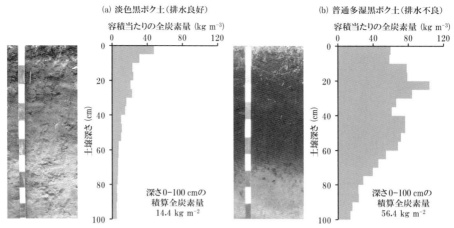

図 4.3 排水性の違いによる土壌水分条件が土壌中の全炭素量の垂直分布に及ぼす影響
北海道十勝地域の黒ボク土について，排水良好な条件下で生成した淡色黒ボク土（a）と排水不良条件下で生成した普通多湿黒ボク土（b）における，深さ 5 cm ごとに採取した試料の仮比重と全炭素量から算出した面積当たりの全炭素量の分布を示した．著者のデータを使用．

らも明らかなように，排水不良な条件下で生成した多湿黒ボク土は黒色味の強いA層が深さ 50 cm 以上にも達している．各深さにおける土壌の全炭素量は著しく異なり，深さ 0-100 cm の積算全炭素量は，排水不良な多湿黒ボク土では排水良好な黒ボク土の約 4 倍であった．

4.1.4 土壌有機物の種類と腐植物質

土壌中には，植物遺体や腐植物質などの有機物，そして多様な微生物や植物根などの生物が複雑に混在している．土壌中に存在している有機物のうち，生きている植物，動物および微生物などの生物（バイオマス，biomass）を除いた非生物の中で，植物組織が同定可能であり，大きさ約 2 mm 以上と肉眼で除去できる範囲の動植物遺体を除いた画分を土壌腐植（humus）あるいは土壌有機物と呼ぶ（図 4.4）．つまり，狭義では土壌有機物に動植物遺体は含まれないが，広義では植物リターや作物残渣などを含むことになる．さらに土壌腐植は，化学的に同定可能な既知の有機成分である非腐植物質（nonhumic substances）と，暗色かつ非晶質な高分子化合物群である腐植物質（humic substances）とに分けられる．

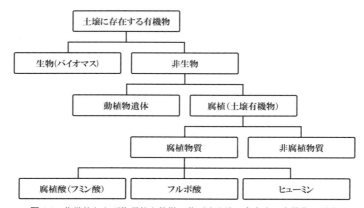

図 4.4 化学的および物理的な特徴に基づく土壌に存在する有機物の区分
狭義では土壌有機物に動植物遺体は含まれないが，広義では植物リター（O層）や作物残渣などを含む．腐植物質は化学的にアルカリ性や酸性の水に対する溶解度により分類され，操作上はアルカリ可溶・酸不溶の腐植酸，アルカリ可溶・酸可溶のフルボ酸，アルカリ不溶のヒューミンに分類される．

a. 非腐植物質

土壌中の非腐植物質は，植物根の分泌物や微生物の代謝産物として放出され，化学的に同定可能な有機化合物のことである．多糖類，タンパク質および脂質など構造既知の有機成分であり，土壌腐植の約 20-30% を占める．土壌微生物による分解の程度は化合物の種類により異なるが，腐植物質と比べると分解を受けやすい画分である．また，低分子有機酸やタンパク質様物質などの単純な化合物も存在し，生分解を受けやすいためその量は決して多くはないものの，作物の養分供給や生育に大きな影響を及ぼす．

b. 腐植物質

土壌中の腐植物質は，植物遺体や土壌有機物が土壌中で微生物による分解を受け，その分解産物から化学的および生物的な作用により再合成された高分子有機化合物群であり，土壌腐植の約 60-80% を占める．腐植物質は，非腐植物質のように構造既知な単一の化合物ではなく，芳香環構造を持ち，暗色かつ結晶構造が不明瞭（非晶質）であり，様々な粒子サイズの高分子有機化合物の混合物である．

腐植物質は化学的にアルカリ性や酸性の水に対する溶解度により分類され，操作上はアルカリ可溶・酸不溶の腐植酸，アルカリ可溶・酸可溶のフルボ酸，アルカリ不溶のヒューミンに分類される（図 4.4）．フルボ酸（fulvic acid）は粒子サ

イズがもっとも小さく，カルボキシル基構造を多く含むため，金属元素などとの反応性が高い．腐植酸（フミン酸，humic acid）は中間的な粒子サイズであり，芳香環やフェノール構造を多く含むため，土壌の負荷電や緩衝能の発現に寄与する．ヒューミン（humin）はもっとも粒子サイズが大きく，微生物による分解をもっとも受けにくい画分である．ただし，これらの画分も高分子有機化合物群であり，粒子サイズや構造などは平均的な違いを反映しているに過ぎない．

多くの腐植物質は，土壌中でアルミニウムや鉄などの金属イオン，および粘土鉱物と結合して金属腐植複合体あるいは粘土腐植複合体として存在している．このような複合体を形成することにより，土壌微生物による分解を受けにくくなって安定的に土壌中に滞留するとともに，粘土粒子の結合と安定化によって微小な耐水性団粒の形成に貢献する．

4.1.5　農耕地における土壌有機物

農耕地における土壌有機物は，地球規模における炭素循環と同じ原理で，その土壌での有機物としての炭素添加量と，土壌中での有機物分解に伴う炭素排出量のバランスにより決定される．農耕地は，自然植生の未耕地と比べると，人間による作物の圃場外への持出と，耕起作業による分子状酸素供給の増加により，有機物の供給量が減少し，分解量が増加するため，土壌有機炭素量が減少しやすい．人間による管理次第で，有機物の供給と分解の新しい平衡状態へと移行するとともに，刻々と変化し続ける．

a. 農耕地土壌の有機物バランス

農耕地土壌中における有機物量の増減バランスに影響を及ぼす諸因子をまとめて示した（表4.2）．作物残渣の還元，緑肥作物の栽培，堆肥やふん尿などの施用などは，土壌中への有機物供給量を増加させる．一方，過剰な耕起作業，表土の被覆がない裸地化による高温や日射への露出，低い土壌水分状態などは，土壌中における微生物や動物による有機物分解量を増加させる．カバークロップや作物残渣による表土の被覆や，適切な水管理による土壌侵食の抑制も，表土の流出による有機物損失量の減少に効果的である．放牧地などでは，集約的管理放牧の導入，適切な窒素施肥レベルによる高い飼料作物生産性を維持することなどにより，土壌への有機物供給量を増加させることが可能である．

人間による適切な土壌管理により，有機炭素の添加量を増やし，有機物分解に

表 4.2 農耕地土壌中の有機物量の増減バランスに影響を及ぼす諸因子

増加を促進する要因	減少を促進する要因
緑肥あるいはカバークロップ	土壌侵食
保全的耕作	集約的耕作
作物残渣の還元	作物残渣の持出
低温および日射の遮断	高温および日射への露出
管理放牧	過放牧
高い土壌水分	低い土壌水分
表土の被覆	表土への火入れ
堆肥やふん尿の施用	化学肥料への依存
適切な窒素レベル	過剰な窒素施肥
高い作物生産性	低い作物生産性
高い地下部/地上部比	低い地下部/地上部比

Brady and Weil（2008）より引用．

よる土壌炭素の排出を減らすことが，土壌の有機炭素量を維持ないし増加することに寄与し，その結果として植物生産機能を高めることが，さらに有機物の供給と蓄積量を増加させることにつながるのである．

b．排水改良による炭素の損失

もともと降水量が多く，微地形や母材などの影響により地下水位が高い農耕地が広く分布するわが国では，暗渠の施工や心土破砕などの農業土木的技術により排水改良を長らく行ってきた．農地面積を拡大し，面積当たりの耕地生産性を向上させるためには必要不可欠な技術である反面，土壌炭素の損失を増加させる可能性が高い．

4.1.3項で示した排水条件の異なる2種類の黒ボク土における，未耕地および農耕地の層厚差を考慮した面積当たりの土壌全炭素量の比較を表4.3に示した．排水良好な黒ボク土では，農耕地における炭素損失率が12%であったのに対し，排水不良な多湿黒ボク土では暗渠施工などの影響を受け，炭素損失率が22%であった．土壌の酸化還元電位の上昇による有機物分解量が増加した可能性が高いが，緑肥や堆肥などを活用した有機物供給の増加や，カバークロップを用いた表土の被覆や最小耕起（minimum tillage）による有機物分解の抑制など，積極的かつ保全的な土壌管理が求められる．

表 4.3 排水条件の異なる2種類の黒ボク土における未耕地および農耕地の層厚差を考慮した面積当たりの土壌全炭素量の比較

土壌型および土地利用	土壌深さ (cm)	炭素量 (kg m^{-2})	損失率 (%)
淡色黒ボク土（排水良好）			
未耕地（屋敷林）	0-100	14.4	―
農耕地（普通畑）	0-75	12.6	12.1
多湿普通黒ボク土（排水不良）			
未耕地（防風林）	0-100	56.4	―
農耕地（普通畑）	0-80	44.0	21.9

筆者のデータを使用．未耕地と農耕地の土壌深さは溝田他（2007）による層厚差を考慮して比較した．面積当たりの炭素量は，深さ5cmごとに採取した土壌の仮比重と全炭素量から算出した．損失率は未耕地0-100cmにおける面積当たりの炭素量に対する，農耕地の層厚差を考慮した深さにおける面積当たりの炭素量の差から算出した．

4.1.6　その他の土壌炭素
a. 土壌無機炭素

本章では土壌有機炭素を中心に議論を進めたが，土壌中に存在する炭素の40%が無機炭素であり，4.1.3項で述べたように，乾燥地域に分布するアリディソルは，炭酸カルシウムなどの無機炭素を多く含むため，炭素現存量は世界全体の約20%を占める．

乾燥地域では土壌有機物の分解により生じた二酸化炭素が重炭酸塩イオンとなり，鉱物や母材に由来するカルシウムイオンと反応して炭酸カルシウムが二次集積することにより，無機炭素が蓄積する．窒素肥料の過剰な施用などによる土壌の酸性化は炭酸カルシウムを溶解させて二酸化炭素放出量を増加させ，さらに過剰な灌漑水の利用は重炭酸塩イオンの溶脱を進行させる可能性が高く，土壌無機炭素の排出量を増加させる危険性があるため有機炭素と同様に，人間による適切な管理が必要である．

b. 生物由来炭化物

生物由来炭化物（biochar）とは，生物系資源を原料とした炭化物のことを指し，山火事や野火などによって森林や草原を構成する有機物が炭化して土壌に供給される自然由来のものと，炭焼きや焼き畑などによって人為的に炭化した有機物が土壌に供給されるものがある．生物由来炭化物には，無機炭素である元素状炭素が含まれており，有機炭素とは異なる．

近年は，生物由来炭化物を農耕地土壌に施用し，土壌の化学性や物理性を改善するとともに，その炭素の分解の受けにくさを利用し，土壌への炭素蓄積と隔離を積極的に利用することが行われている．また，ブラジル奥地のアマゾン川流域で，人為的に生物由来炭化物を土壌に入れ続けたことによって生成した黒い土「テラプレタ（Terra Preta）」が発見されたこと，日本の黒ボク土における黒色腐植層の生成に生物由来炭化物が寄与している可能性が高いことが報告されるなど，土壌の炭素循環と蓄積にとって大きな存在となりつつある．

4.2 堆　　肥

4.2.1 堆肥化の原理と方法

堆肥化（composting）とは，家畜ふん尿や汚泥などのC/N比が低く水分含量が多い有機性廃棄物と，麦稈やおがくずなどのC/N比が高く水分含量が少ない副資材を混合し，水分含量を65-75%程度に調整して高く堆積し，定期的にかき混ぜながら，好気性微生物と酸素の働きで発酵させる技術である．

原料に含まれる様々な有機化合物が，土壌中と同じように分解されやすいものから酸化的分解を受けるが（図4.2），その際に放出される熱エネルギーが堆肥内部に蓄積し，堆肥化初期には内部の温度が60-80℃に達する．堆肥化における堆肥内部の温度と原料に含まれる各種有機物分解の模式図を図4.5に示した．堆肥化初期は多糖類やヘミセルロースなどが分解されて堆肥温度が60℃以上に上昇し，撹拌作業である「切り返し」を行うたびに一旦温度が低下して再び上昇を繰り返す．堆肥化後期はセルロースやリグニンなどがゆっくりと分解されるため，徐々に堆肥温度は上がらなくなる．温度上昇を伴う期間を一次発酵，その後の温度が上がらなくなる期間を二次発酵と呼ぶ．

堆肥化の進行に伴い，酸化的分解によって二酸化炭素が放出されるが，窒素やその他の元素は残存しやすいため，灰分含量が増加し，C/N比が10-20程度まで低下する．また，窒素の無機化やアンモニアの生成により，pHや電気伝導度（EC）が上昇する．さらに，高温に達することにより，病原性微生物や雑草種子を死滅あるいは不活化させるため，農耕地へ施用する際のリスクを軽減することができるうえに，堆肥化によって，有機性廃棄物に含まれる農薬やホルモン剤などの有害物質を分解することも可能である．

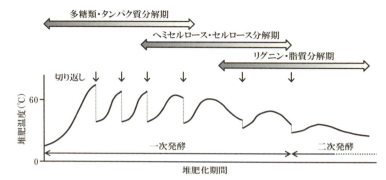

図 4.5 堆肥化における堆肥温度と原料に含まれる各種有機物分解の模式図

図 4.6 大規模堆積方式による堆肥化の様子（北海道河東郡士幌町の堆肥製造会社にて撮影）

4.2.2 堆肥化に伴う腐植化

堆肥化に伴って，生分解されやすい易分解性有機物が減少し，分解されにくい難分解性有機物が相対的に増加する．さらに，高い堆肥温度は分解生成物からの腐植物質の合成を促進するため，堆肥化によって非腐植物質が減少し，腐植物質が増加する．

大規模堆積方式による堆肥化の様子を図 4.6 に示した．この堆肥は，肉牛ふん尿とバークを混合し，12 か月間以上の堆積と月に 1 度の切り返しにより堆肥化を行っている．左側は堆肥化 1 か月後の状態で，堆肥の色は褐色であり，バークが分解されずに残っているのが分かる．右側は堆肥化 12 か月後の状態で，堆肥の色は黒色であり，分解がよく進んでいるのが分かる．これらの堆肥から水抽出した腐植酸とフルボ酸の平均構造も大きく変化する（図 4.7）．堆肥化初期の腐植酸は，炭水化物のピークが大きく，メトキシル基の鋭いピークが見られ，植物遺体に含

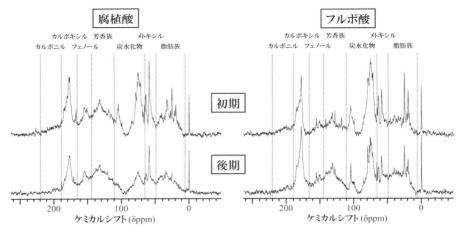

図 4.7 牛ふんバーク堆肥から水抽出された腐植酸とフルボ酸の ^{13}C 核磁気共鳴（NMR）スペクトル
堆肥化初期の腐植酸は炭水化物やメトキシル基に由来するピークが明瞭でありセルロースやリグニンなどの植物由来の構造に起因する．堆肥化後期の腐植酸は芳香族やフェノール構造が増加し土壌腐植酸に類似する．フルボ酸は堆肥化後期でカルボキシル基構造が増加する．著者のデータを使用．

まれるセルロースやリグニンなどの構造を強く反映している．一方，堆肥化後期の腐植酸は，芳香族やフェノール構造が増加し，芳香族度（aromaticity）が増加して土壌腐植酸に近い構造を示している．フルボ酸についても，堆肥化に伴って，植物由来の炭水化物などが減少し，カルボキシル基構造が増加している．堆肥化は，植物遺体などの原料から，土壌系外の高温条件下で腐植物質を生成する腐植化技術であるともいえる．

4.2.3 堆肥施用と炭素循環

農耕地土壌における炭素循環は，有機物としての炭素添加量と，土壌中での有機物分解に伴う炭素排出量のバランスにより決定される（4.1.5 項参照）．二次発酵を終えた堆肥には，腐植物質や難分解性有機物が含まれるため，農耕地土壌への施用により炭素添加量を増加させることが見込まれる．

北海道十勝農業試験場（現在，北海道総合研究機構十勝農業試験場）において，牛ふんバーク堆肥を 25 年間連用した淡色黒ボク土普通畑圃場から採取した表層土の全炭素量を表 4.4 に示した．化学肥料を施用し，堆肥無施用および作物残渣持ち出しを行った試験区に比べ，化学肥料とともに堆肥を毎年施用し，作物残渣

表 4.4 牛ふんバーク堆肥を 25 年間連用した淡色黒ボク土普通畑圃場から採取した表層土の全炭素量

処理区	化学肥料	堆肥	全炭素量 ($g\,kg^{-1}$)	全炭素量* ($Mg\,ha^{-1}$)
化学肥料区	施用	無施用	31.3	100
堆肥標準区	施用	$15\,Mg\,ha^{-1}$／年	36.4	109
堆肥倍量区	施用	$30\,Mg\,ha^{-1}$／年	39.6	119

著者のデータを使用.
＊作土層の厚さ 40 cm, 仮比重を化学肥料区 $0.8\,Mg\,m^{-3}$, 堆肥施用区 $0.75\,Mg\,m^{-3}$ と仮定して算出．本圃場では，1975 年から有機物連用試験圃場を設け，コムギ，バレイショ，テンサイ，ダイズの 4 年輪作が行われた．

を持ち出した試験区では明らかに全炭素量が増加した．作土層厚さと仮比重を考慮して計算した面積当たりの全炭素量は，化学肥料区に対して堆肥連用区では 9-19％の増加であった．

同試験圃場で連用 30 年後の土壌を比較した中津・田村（2008）の結果によると，堆肥と作物残渣を合わせた乾物当たりの有機物施用量と，全炭素量の変化率との間には高い正の相関関係が認められ，有機物をまったく施用しない試験区では全炭素量が約 10％減少したと報告されている．土壌中での有機物分解に伴う炭素排出量が，有機物施用による炭素添加量を上回っていることに起因すると考えられる（4.1.5 項参照）．一方，乾物当たり $2.5\,Mg\,ha^{-1}$ 程度の有機物施用量では全炭素量の増減はほとんどなく，$5.0\,Mg\,ha^{-1}$ 程度が投入されると，全炭素量が約 10％増加することが示された．

堆肥施用のみならず，緑肥や作物残渣などの供給により有機炭素の添加量を増やし，過剰な耕起を抑えて有機物分解による土壌炭素の排出を減らすことが，農耕地土壌の有機炭素量と植物生産機能および環境保全機能の維持ないし向上に貢献する．
〔谷　昌幸〕

4.3　合成有機物

4.3.1　微生物による分解反応

環境中に放出された合成有機物は，難分解性のものによる環境汚染が懸念されるが，土壌にはこのような化合物を分解する能力を持つ微生物がいる．分解微生

物は真正細菌，アーキア，真核微生物のいずれにも存在し，好気性，嫌気性の広い範囲の微生物にわたっている．単純な化合物は1種類の微生物だけで完全分解されることもあるが，複雑な化合物は複数の微生物により段階的に分解され完全分解される場合も多い．また好気的分解と嫌気的分解が順番に起こって完全分解が早く行われる場合もある．本節ではまず反応の様式を紹介する．有機化合物の微生物分解には，酸化反応，還元反応，加水分解反応などが関与している（Topp *et al.,* 1997）．

a. 酸化反応

微生物による有機化合物の分解において，好気的条件化で起こる酸化反応では，水酸化反応，脱アルキル化反応，エポキシ化反応，イオウ酸化反応がよく知られている．この反応は，モノオキシゲナーゼ（monooxygenase），ジオキシゲナーゼ（dioxygenase），ラッカーゼ（laccase）などにより触媒される．酸素は呼吸の最終電子受容体であるばかりでなく，反応を構成する要素であるため，この反応は好気的条件下で起こる．反応の結果，多くの場合標的化学物質は水酸基やカルボキシル基を持ち，元の化合物よりも極性が増して水溶性になる．その結果，より生分解を受けやすく，また腐植に吸着して不動化されやすくもなる．

水酸化反応はモノオキシゲナーゼやジオキシゲナーゼにより水酸基が標的化学物質に挿入される反応であり，水酸基の酸素は分子状酸素（O_2）に由来する．水酸化反応は，脂肪族，芳香族化合物の好気的分解における最初の反応としてよく見られ，とくに，後述する安息香酸（benzoate）やポリ塩化ビフェニル（PCB）などの芳香族化合物の好気的分解においては必須の反応である．

b. 還元反応

嫌気的条件下では電子を有機化合物に付加する反応が起こる．芳香族化合物の嫌気的分解では，二重結合を飽和させる反応が重要である．パラチオンの生分解では，ニトロ基はアミノ基に変換される．還元的脱ハロゲン化反応は，嫌気的環境下におけるハロゲン化化合物の変換においてはたいへん重要である．DDT，ディルドリン，ヘプタクロル，γ-HCH（リンデン），メトキシクロルなどの有機塩素系農薬が，嫌気的条件下で脱ハロゲン化反応を受ける．PCB，PCP，テトラクロロエチレン（PCE）なども同様である．

c. 加水分解反応

加水分解反応も，難分解性有機化合物の分解において重要である．付加される

水酸基は水に由来するので，酸素の存在下・非存在下それぞれで起こりうる．生化学反応として補因子（cofactor）を必要としないので，反応は菌体内でも，また菌体外に酵素が分泌されても起こる．電子不足の原子を化学結合に含む分子が，求核置換攻撃の標的となりやすく，土壌微生物による加水分解を受けやすい．例として，パラチオンやカルボフランのような有機リンやメチルカーバメイト系殺虫剤，リヌロンのようなフェニルウレア系除草剤が挙げられる．

4.3.2 微生物による有機化合物分解経路の構成

合成有機化合物でも，自然界にも元来存在する化合物もあり，多くのものが分解される．微生物による有機化合物分解過程は多段階の反応によって構成されており，各反応は，多くの場合，特異的な酵素により行われる（Abbasian et al., 2015；Reineke, 1998）．ここでは，分解経路などの生化学的研究が比較的早くから進められた，細菌に関する研究を取り上げる．

a. 単環芳香族化合物の分解

Pseudomonas 属や *Burkholderia* 属などの細菌による単環芳香族化合物の分解経路では，初発の酸化反応により（Morikawa, 2010），芳香環に水酸基が2個導入された形のカテコール（catechol）型化合物を中間産物として経る経路がよく知られている（Reineke, 1998）．安息香酸と4-ヒドロキシ安息香酸は，それぞれ対応するジオキシゲナーゼにより，まず水酸基が導入されて，カテコールとプロトカテク酸へと変換され，次いで開環反応を受けて，完全分解される（Harwood and Pareles, 1996）．この中間産物を酸化開裂するジオキシゲナーゼは，芳香環上で水酸基が結合している2つの炭素間の結合を切断する形の反応を行う（Vaillancourt et al., 2004）．この過程を経るカテコールの分解経路をカテコールオルソ開裂経路（catechol *ortho*-cleavage pathway）と呼ぶ（Reineke, 1998）（図4.8）．一方，カテコール型化合物で，水酸基2つが結合している炭素の外側の炭素-炭素結合を切断する形を経る分解経路を，カテコールメタ開裂経路（catechol *meta*-cleavage pathway）と呼ぶ（Lipscomb, 2008）．*Pseudomonas* 属細菌による *m*-トルイル酸分解経路など，芳香環上にアルキル置換基を持つカテコール型化合物を中間産物として生じる場合に，この経路を経て完全分解される例がよく研究されている（Ogawa et al., 2004）．

クロロ安息香酸（chlorobenzoate）は，農薬の2,4-ジクロロフェノキシ酢酸（2,4-

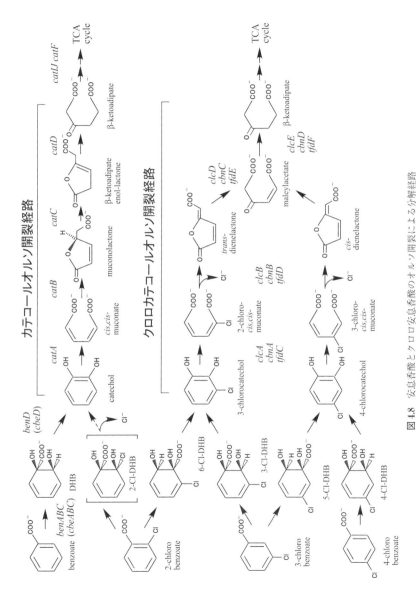

図 4.8　安息香酸とクロロ安息香酸のオルソ開裂による分解経路

DHB, dihydrodihydroxybenzoate (3,5-cyclohexadiene-1,2-diol-1-carboxylic acid)；遺伝子名は，*Burkholderia* sp. NK8 株の対応する遺伝子に付けられたものである．クロロカテコール分解遺伝子群の遺伝子名は，株によって異なっている場合がある．

D）と並んで，微生物による芳香族塩素化合物分解の研究でモデル化合物として使われてきた．その分解経路では，もともと細菌が有している上記の安息香酸ジオキシゲナーゼにより，クロロ安息香酸がクロロカテコール（chlorocatechol）へと変換される（Reineke, 1998）．クロロカテコール類は，PCB，クロロ安息香酸類，クロロベンゼン類，クロロフェノキシ酢酸類などの様々な芳香族塩素化合物の微生物分解過程においてキー代謝産物として現れ，それ自体，毒性を持っているため，その分解はこれらの化合物の完全分解・無毒化のために非常に重要である．このクロロカテコールの分解は，上記のカテコールオルソ開裂経路では行えず，クロロカテコールオルソ開裂経路と呼ばれる，クロロカテコールを特異的に分解できる経路が必要である．この経路の初発酸化反応ではクロロカテコール 1,2-ジオキシゲナーゼがクロロカテコールを開環して，クロロ cis,cis-ムコン酸へと変換する．次いで，クロロ cis,cis-ムコン酸（chloro-cis,cis-muconate）は3段階の反応を経て β-ケトアジピン酸へ変換され，β-ケトアジピン酸（β-ketoadipate）は多くの土壌細菌が元来持っている分解酵素群により代謝されてTCAサイクルに入り完全分解される（Reineke, 1998）（図4.8）．図4.8では塩素がつく位置が異なる3つのモノクロロ安息香酸について，安息香酸ジオキシゲナーゼが作用して水酸基が導入された場合の分解経路を示したが，この酵素の基質特異性は細菌の株によって異なり，基質特異性が狭い酵素は安息香酸しか変換できない一方，複数のモノクロロ安息香酸を変換できる，基質特異性の広い安息香酸ジオキシゲナーゼを持つ菌株もある（Francisco et al., 2001）．また，クロロカテコールオルソ開裂経路も，とくにその初発のクロロカテコール 1,2-ジオキシゲナーゼの基質特異性により，分解できるクロロカテコールのスペクトルが異なる（Liu et al., 2005）．

　細菌による有機化合物の分解経路では，最初の化合物を，キー代謝産物となる中間産物にまで変換する上流分解経路と，キー代謝産物を完全分解する下流分解経路から構成されるものが多く，細菌は，このようないくつかのまとまりに分かれた分解経路を組み合わせて，様々な構造を持つ有機化合物の分解を行っている（Reineke, 1998）．分解経路を構成する酵素群の遺伝子は，細菌ではクラスターとして1か所にまとまり，また，少数のオペロンなど転写単位としてもまとまっている場合が多い．クロロカテコール分解遺伝子群は，とくにプラスミド上にクラスターとして存在する例が多く知られている．このクロロカテコール類を含めて，

難分解性の有機化合物の分解遺伝子群を持つプラスミドは，細菌の芳香族化合物分解能の伝播に関与している可能性がある（Nojiri *et al.*, 2004；Ogawa *et al.*, 2004）．

b. 多環芳香族化合物の分解

PCB はビフェニルに塩素が 1-10 個置換した同族体の混合物であり，化学的には非常に安定性が高い．しかし，ビフェニルを資化する微生物が共代謝（co-metabolism）により PCB を分解することができ，今までに，グラム陽性およびグラム陰性の多くの分解細菌が分離されている（福田他，2005；末永他，2002）．共代謝は，本来の基質がある状況下で誘導発現されることなどで生産された分解酵素（群）が，その酵素反応にはあずかるが最後まで代謝されることはない化学物質を変換してしまう過程である．PCB のように芳香環が 2 つ（以上）ある化合物の場合，芳香環の 1 つをまず水酸化，開裂した後に，もう 1 つの芳香環が分解される．PCB の代表的な分解経路はビフェニル 2,3-ジオキシゲナーゼを初発酸化酵素とする分解経路である（図 4.9）．この系による分解経路では，同ジオキシゲナーゼにより塩素置換の少ない方の芳香環の 2,3-位が酸化されて水酸基が付き，2,3-ジヒドロキシビフェニルとなる．次いでメタ開裂ジオキシゲナーゼにより 1,2-位間で環開裂され，その後ヒドロキシラーゼにより加水分解されてクロロ安息香酸となる．ビフェニル資化菌の多くは，クロロ安息香酸を資化できないので，生じたクロロ安息香酸は他の分解菌で分解することが必要である．糸状菌でも，モノオキシゲナーゼやヒドロキシラーゼにより PCB に水酸基を導入して分解する菌が見出されている．また，多塩素置換の PCB は，嫌気的条件下で嫌気性細菌により還元的に脱塩素される反応が起こることが知られている．

ダイオキシンに関しては，木材腐朽菌が，本来リグニンを分解するために持っているリグニンペルオキシダーゼ，マンガンペルオキシダーゼ，ラッカーゼといった酵素により分解することができる．この木材腐朽菌による分解が完全分解ではないのに対し，細菌ではダイオキシンを完全分解する株も分離されている．*Sphingomonas* sp. RW1 株は，ジベンゾ-*p*-ダイオキシンあるいはジベンゾフランを唯一のエネルギー源かつ炭素源として生育することができ，これらを完全分解する（Wittich *et al.*, 1992）．

内分泌攪乱作用が問題となるビスフェノール A の微生物分解には複数の分解経路があることが提唱されている（Zhang *et al.*, 2013）．分子量が比較的大きな芳

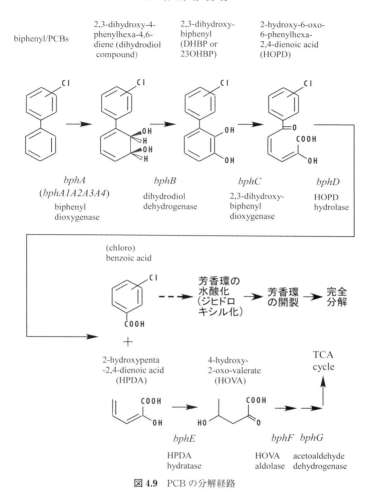

図 4.9 PCB の分解経路

遺伝子名は, *Rhodococcus jostii* RHA1 株の対応する遺伝子に付けられたものである．PCB 分解細菌では，PCB 分解経路の遺伝子名は共通して使われているものが多い．

香族化合物の例としては，工業用染料として多く使われるアゾ染料が，微生物によりアゾ結合が還元的に開裂されて，芳香族アミン化合物となるとともに脱色される．芳香族アミンはさらに微生物分解を受ける（青木，2007）．また，ポリエチレングリコール，ポリビニルアルコール，ポリ乳酸などの高分子も微生物による分解反応を受ける（Kawai, 2010）．

c. 脂肪族化合物などの分解

難分解性の合成有機物として知られるトリクロロエチレン（TCE）は，メタン酸化菌，トルエン分解菌，フェノール分解菌，アンモニア酸化菌により，これらの物質に対するオキシゲナーゼの作用で分解される．この場合，TCE の分解は共代謝であり，TCE では分解酵素の生産は誘導されないし，分解菌は TCE では生育しない．一方，嫌気性の *Dehalococcoides* 属細菌は，テトラクロロエチレン（PCE）を還元的に脱塩素して，エタンにまで変換する（Jugder *et al.*, 2015）．

4.3.3 分解能の発現調節機構

有機化合物の分解酵素は微生物の菌体内でいつも生産されているわけではなく，たいていの場合，基質となる化学物質が存在する場合のみ生産が誘導される．ここで酵素の遺伝子を発現させる役割を担うのが発現調節遺伝子である．発現調節は，遺伝子の転写，翻訳のいずれの過程に対しても行われうるが，転写の段階で行われる例が多く研究されている．細菌の様々な代謝経路の発現調節を行う転写調節遺伝子群は，AraC/XylS ファミリー，LysR ファミリーなど，細菌特有のいくつかの転写調節因子のグループに分かれている．有機化合物の分解経路の転写調節因子もいくつかのタイプのものがあり，クラスターを形成しているまとまった遺伝子群が，オペロンとして 1 つの転写調節因子で制御されている例が多く報告されている．多くの場合，分解経路の基質など，誘導物質を転写調節因子が認識して，遺伝子群の転写を活性化する，正の制御が行われる（Tropel and van der Meer, 2004）．このような転写調節遺伝子と分解酵素遺伝子群の組合せは，クロロカテコール分解遺伝子群は LysR タイプ転写調節因子（Ogawa *et al.*, 2004）により活性化されるものが多いなど，ある程度の組合せが遺伝子の進化，伝播，適応の過程で決められてきたようである．微生物の有機化合物分解能力を理解するためには，この発現調節機構を解明していくことも重要である．

4.3.4 土壌環境での合成有機化合物の分解

自然界では，微生物の分解能力が，難分解性有機化合物汚染の現場で実際に発揮されていることが，調査によって裏付けられている．米国の空軍基地跡地でのクロロベンゼンによる汚染と分解微生物の年次調査により，微生物分解によってクロロベンゼンによる汚染が軽減されてきたことが報告されている．微生物を汚

染物質除去に積極的に役立てるバイオレメディエーションに対して，このように自然界にいる微生物により汚染が浄化，軽減される現象を，natural attenuation と呼んでいる．この汚染地では分解菌の遺伝子の解析により，クロロベンゼン分解経路の初発酸化を担う上流経路と生成したクロロカテコールを分解する下流経路を，細菌が現場でプラスミドの伝達などにより獲得することで完全分解菌が生じて，汚染の除去に寄与したことが推定されている (van der Meer *et al.*, 1998)．また，研究室で有機化合物を炭素源とした液体培地による集積培養により分離された分解菌と，実際の土壌でその有機物を分解している分解菌が異なることも多いと考えられる．そのため，実際に野外で分解を行っている分解菌を取得するための試みも行われている (Morimoto *et al.*, 2008)．メタゲノム解析により環境中の分解微生物群集を解析する試みが行われる一方で (Lombard *et al.*, 2011)，有機化合物の分解細菌の土壌中における遺伝子の発現を網羅的に解析する試みなども行われ（津田他，2008；Iino *et al.*, 2012；Wang *et al.*, 2011），土壌中での有機物の微生物分解の研究も様々な角度から行われている．

小川直人

4.4 土壌環境における農薬の消長

4.4.1 農薬とは

農薬の多くは，おもに農作物の病害虫や雑草の防除に用いられる合成有機化合物で，殺虫剤，殺菌剤，除草剤がその代表的な例である．農薬は農耕地を中心に環境中で意図的に使用される生物活性を持った化学物質であるため，「農薬取締法」に基づき，環境への安全性を含む種々の検査を受けて，「登録」されたものだけが農薬として使用されている．環境への安全性に関しては，非標的生物への影響に加え，環境中での挙動，とくに分解性が持続的な生態系の保全のために重要となる．農薬は国内において約4000種類（有効成分として約500種類）が登録されており，毎年約20万tが出荷されている．農薬はさらに化合物の種類によって分類され，それらの化学構造や水溶解度，蒸気圧などの化学的性質が環境中の挙動に影響する．代表的な農薬を図4.10に示す．

4.4.2 農薬の分解

散布された農薬は，その化学的性質に依存して，一部は大気中へ気散したり，

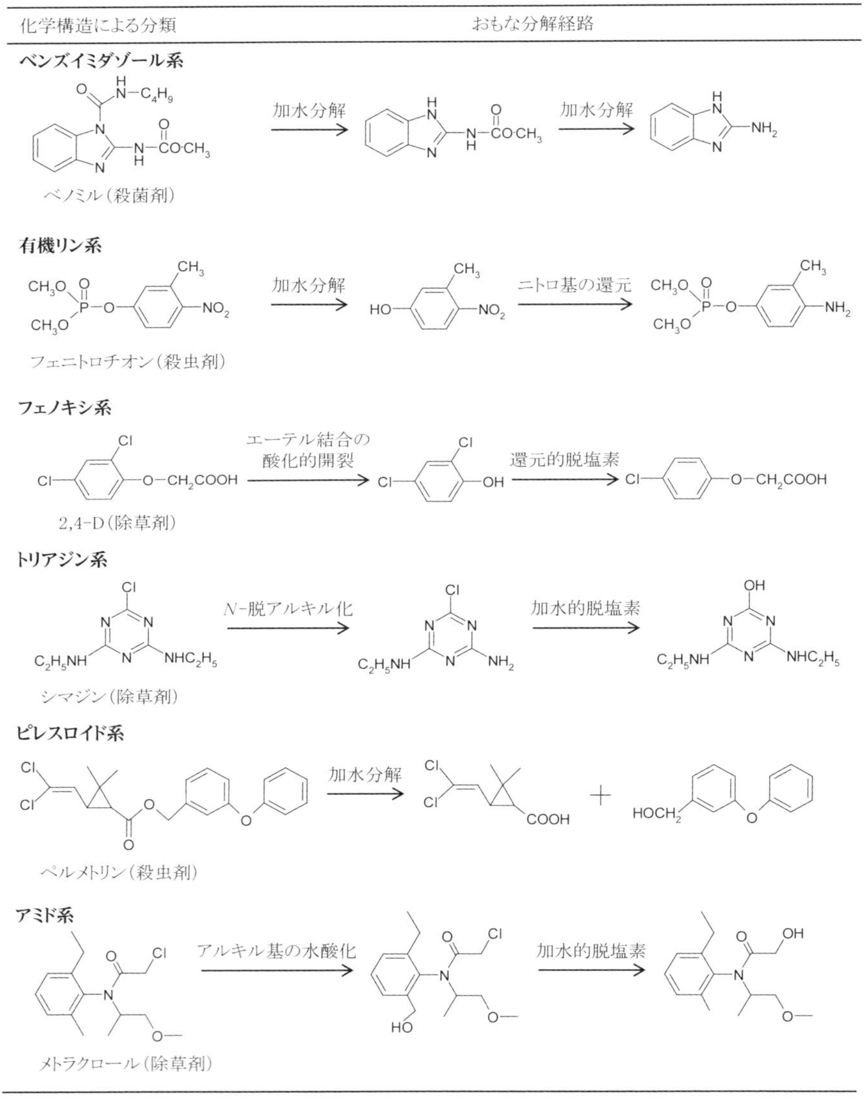

| 化学構造による分類 | おもな分解経路 |

ベンズイミダゾール系

ベノミル（殺菌剤） →（加水分解）→ →（加水分解）→

有機リン系

フェニトロチオン（殺虫剤） →（加水分解）→ →（ニトロ基の還元）→

フェノキシ系

2,4-D（除草剤） →（エーテル結合の酸化的開裂）→ →（還元的脱塩素）→

トリアジン系

シマジン（除草剤） →（N-脱アルキル化）→ →（加水的脱塩素）→

ピレスロイド系

ペルメトリン（殺虫剤） →（加水分解）→ ＋

アミド系

メトラクロール（除草剤） →（アルキル基の水酸化）→ →（加水的脱塩素）→

図 4.10　代表的な農薬と土壌における分解経路

水に溶けて河川や地下水に移行したりするが，最終的には大部分の農薬は土壌に移行する．その過程で，加水分解や酸化還元などの化学反応および光化学反応などの非生物的な反応により分解する場合がある．非生物的な分解の程度は個々の農薬の化学的性質や環境条件に依存するが，加水分解では pH および触媒となる遷移金属，粘土粒子などの種類と濃度に影響を受け，水中での光分解では溶存する有機物が光を吸収することで，農薬の間接的な光分解を促進したり，逆に競合的に分解を抑制したりする．土壌中では非生物的な分解に加えて，土壌微生物による生物的な分解が農薬のおもな分解要因となる．土壌の殺菌処理により，農薬の分解における土壌微生物の寄与の程度を見積もることができる．これまでに多くの農薬に対して分解菌が単離されているが，細菌および糸状菌を中心に多様な微生物群が農薬の分解能を持っている．

土壌には多種多様な微生物が高い密度で生息し，有機物の分解や物質循環に大きな役割を果たしている．これらの土壌微生物により農薬も分解されるが，おもな反応は，酸化，還元，加水分解である．一般的に，酸化反応は畑地や水田の表層など酸素が存在している好気的な環境で起こるのに対して，還元反応は水田の下層土など酸素が存在していない嫌気的な環境で起こる．嫌気的な環境では，硝酸還元，硫酸還元，メタン生成環境など土壌の異なる還元状態により，農薬の分解が影響を受けることがある．また，加水分解反応は好気・嫌気いずれの条件でも起こる．これらの分解反応は個々の農薬の分子中にある化学結合や官能基の種類に依存して起こるため，農薬の化学構造から好気・嫌気環境における分解反応をある程度，推測することができる．図 4.10 にはそれぞれの農薬の代表的な分解経路についても示した．さらに，酸化，還元，加水分解の各反応について，代表的な反応とそれに対応する代表的な農薬を表 4.5 に示す．

農薬の分解による土壌中での消失曲線は，農薬分解菌の代謝様式に依存して影響を受ける．農薬が分解菌によって炭素源として利用されず共代謝によって分解される場合には，分解速度が農薬の濃度に比例するという一次反応式に従って農薬は分解し，分解速度は一般的に消失半減期で表される（図 4.11）．現在，国内では土壌中消失半減期が 180 日以上の農薬は，原則として，その「登録」が保留されているが，大部分の農薬の消失半減期は 30 日以内である．農薬が分解菌によって炭素源として利用される場合には，農薬の分解に伴い分解菌が増殖するため，農薬はしばしばシグモイド型の消失曲線で分解する（図 4.11）．また，農薬の繰り

表 4.5 土壌における農薬の分解反応とそれを受ける代表的な農薬

反応の種類	分解反応	代表的な農薬
酸化	エーテル結合の開裂	2,4-D, 2,4,5-T, メコプロップ
	アルキル基の水酸化	アラクロール, メトラクロール
	芳香族環の水酸化	ジクロロフェノール (2,4-D の分解物),
		ジクロロアニリン (プロパニルの分解物)
	N-脱アルキル化	シマジン, トリフルラリン, EPTC
	スルフィドの酸化	アルジカルブ, EPTC
還元	ニトロ基の還元	トリフルラリン, ペンジメタリン, フェニトロチオン
	還元的脱塩素	2,4-D, ジクロロフェノール (2,4-D の分解物)
加水分解	エステル結合の加水分解	ペルメトリン, プロパニル
	カーバメート結合の加水分解	アルジカルブ, カルボフラン, ベノミル
	有機リン酸結合の加水分解	フェニトロチオン, ダイアジノン
	尿素結合の加水分解	リニュロン, クロルスルフロン
	加水的脱塩素	シマジン, アトラジン, メトラクロール

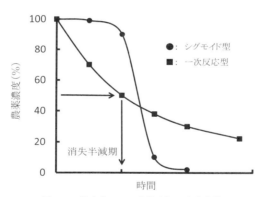

図 4.11 微生物による農薬分解の消失曲線

返し散布により分解菌が集積した場合には，農薬は散布後に土壌中で速やかに分解し，土壌処理剤の場合には効力が消失したり，分解菌の持つ農薬分解酵素の基質特異性が低い場合には，化学構造が類似した農薬が交差適応分解を受けることもある．

　土壌はそこに生息している微生物群が多様であると同時に，物理化学的な環境条件も多様であり，それらが農薬の分解性に複雑に影響する．土壌の団粒構造は微小な部位での環境条件を多様にするため，生息する微生物の種類や分布を不均

一なものにする．一般的に，微生物は水に溶けた状態の農薬を吸収して分解するため，微生物による農薬の利用性は，微生物が農薬を細胞内に取り込む際の特性に加え，農薬の濃度や水溶解度に影響される．また，農薬の土壌粒子への吸着性もその利用性に大きく影響し，粘土鉱物の種類や土壌有機物の量や種類に影響を受ける．非イオン性の農薬の土壌への吸着現象は吸着等温式で表すことができ，溶液中と土壌中の平衡時における農薬濃度の比である土壌吸着係数（Kd）が農薬の土壌への吸着の程度を示す指標となる．通常，土壌有機炭素含量が多いと農薬の土壌への吸着量が増えるため，同じ農薬でも土壌が異なれば Kd は異なる値となるが，土壌有機炭素量当たりの農薬の吸着量で Kd を補正すると（Koc），土壌への吸着性を異なる農薬間で比較することができる．土壌吸着係数が小さい農薬は土壌中での下方移行性が高く，地下水や河川を汚染する可能性が高くなるが，一方で，農薬の土壌中での分解性もその下方移行性に大きく影響する．ドイツの農薬登録に関わるガイドラインでは，水溶解度＞30 ppm，Kd＜10 あるいは Koc＜500，土壌中での半減期＞21 日の農薬についてはシミュレーションモデルを用いて地下水濃度を予測し，＞0.1 ppb となった場合は土壌中の下方移行性試験の実施が必要となる．

4.4.3　農薬の運命

資化性菌による農薬の分解では一種類の微生物が，また，共代謝による分解では農薬の分解菌と分解に伴い生成する分解産物をさらに分解する他の微生物群が，農薬を最終的には CO_2 などの無機物にまで分解する．その過程で，農薬または分解物の一部は土壌に不可逆的に強く吸着し，土壌中に長期間残留することがある．また，腐植などの土壌有機物成分と結合し，抽出や生物が利用できない形態をとることがある．これらの農薬については分析が困難なために，その生物活性や性状など不明な点や解明すべき課題も多い．

〈井藤和人〉

5

窒 素 循 環

5.1 窒素の循環

 窒素（N）は生物圏を循環しており，その大部分は大気中に窒素分子（N_2）の形態で 3.9×10^9 Tg N が存在し，陸域においては土壌に 1.0×10^5 Tg N，生物バイオマス中に 4.0×10^3 Tg N の窒素が存在すると推定されている（Palya et al., 2011）. 窒素は，生物必須元素の中でもっとも多様な化学形態をとる元素である．有機態窒素，アンモニウム（NH_4^+），ヒドラジン（N_2H_4），ヒドロキシルアミン（NH_2OH），窒素分子（N_2），一酸化二窒素（N_2O），一酸化窒素（NO），亜硝酸塩（NO_2^-），二酸化窒素（NO_2），硝酸塩（NO_3^-）の化学形態がある．この窒素の形態の変化のほとんどは微生物の代謝によって行われている．窒素分子以外の窒素の形態は生物学的な反応性が高いため反応性窒素（reactive nitrogen）と呼ばれる．窒素化合物は微生物細胞成分の生合成に利用されるだけでなく，微生物の異化的エネルギー生成反応における電子受容体，電子供与体として利用される．窒素化合物がこのような働きをするのは，アンモニウムの -3 から硝酸塩の $+5$ の間で，異なる酸化状態を取りうるためである．したがって，窒素化合物の供給は細胞成分の合成とエネルギー生成の両面において土壌微生物の増殖速度や存在量に大きな影響を与える．

 また，陸域生態系において窒素は植物の成長を制限する要因となる．よって，土壌微生物が植物の利用できる形態に窒素を変換する速度により，純一次生産量（生態系の生産能力）は調節される．一方では，窒素のいくつかの形態は汚染物質であり，そのため窒素の微生物による変換はヒトの健康や環境の健全性に影響を及ぼす．すなわち，窒素の変換とそれを実行する土壌微生物について理解することは生態系の生産性と健全性を評価して，管理するために重要である．

 土壌における生物活動による窒素循環と窒素化合物について図 5.1 に概略を示

5.1 窒素の循環

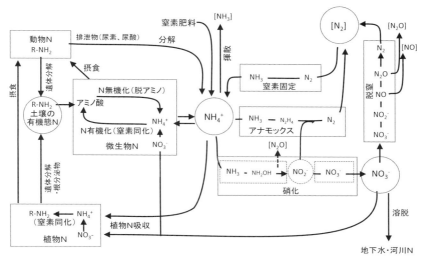

図 5.1 土壌における窒素循環プロセスの概要

した．大気の78％を占める窒素分子（窒素ガス）は，植物を含む大部分の生物が直接利用することができない形態である．原核生物による生物的窒素固定によってアンモニアに変換される必要がある．すなわち，窒素固定は窒素（N）が土壌の生物学的プールに入る最初の主要なプロセスである．続いて起こる窒素循環のプロセスには，窒素の有機化（immobilization），窒素の無機化（mineralization），硝化（nitrification），アナモックス（anammox），脱窒（denitrification）がある．これらのプロセスを通して，生物的窒素固定により生物に取り込まれた窒素は再び大気中へと循環する．

自然状態では窒素固定による反応性窒素の生成量と脱窒による窒素分子への再生量はほぼバランスが取られていたが，20世紀以降の人間活動の増大は窒素の循環に大きな影響を及ぼしている（図5.2）．自然起源の反応性窒素の生成は，窒素固定菌による生物的窒素固定によるアンモニアの生成と雷の放電による窒素分子の酸化による窒素酸化物（NO_x）の生成である．これに対して人為起源の反応性窒素の生成には，大気中の窒素分子からアンモニアを人工的に合成する工業的窒素固定法（ハーバー・ボッシュ法）による窒素肥料の大量生産，マメ科植物のような窒素固定菌と共生する作物の栽培面積の拡大，化石燃料の燃焼により大気中の

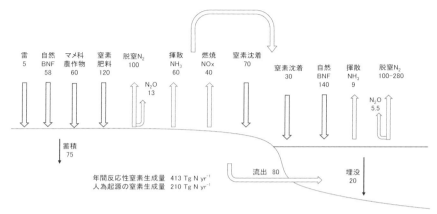

図 5.2 生物圏における反応性窒素の年間のフラックス
単位（Tg N yr^{-1}），Tg = 10^{12} g
BNF：生物的窒素固定

窒素分子が酸化されて生じる窒素酸化物の生成がある．人為起源による反応性窒素の年間生成量（210 Tg N yr^{-1}）は，陸域における自然状態での窒素固定量（63 Tg yr^{-1}）の約3倍以上であり，地球全体の反応性窒素生成量（413 Tg N yr^{-1}）の約半分に相当する．すなわち，現在では反応性窒素の生成が脱窒反応をはるかに上回っている．その結果，土壌への反応性窒素の年間の蓄積量は 75 Tg N yr^{-1} に達すると推定されている（Fowler et al., 2013）．このような土壌中の反応性窒素の増大は窒素循環を担う微生物の活性や構成にも大きく影響を及ぼしていると考えられる．

このような人間活動が地球上の窒素循環に与えた変化は，いくつかの環境問題を引き起こしている．増加した人口を養うための食糧生産のために大量の窒素肥料が農業に利用されるようになったが，多くの作物において窒素利用率は通常50％を超えることはない（西尾，2001）．そのため，使用された大部分の窒素肥料は作物に利用される前に農地からアンモニアとして揮散したり，硝酸として地下水や河川などに流出したり，脱窒作用を受け一酸化二窒素や窒素分子として大気中に放出される．このように，窒素肥料の使用量の増加などの人間活動による窒素の土壌への持ち込みの増加は，水域の硝酸汚染や富栄養化（坂本，2000），さらには大気への一酸化二窒素の放出に起因する環境問題を引き起こしている．一酸化

二窒素は二酸化炭素（CO_2）の 298 倍（100 年値）もの温室効果を有し，さらに成層圏のオゾン層に移行してオゾンと反応して，これを破壊する．

5.2 窒素固定

　生物的窒素固定を行える生物は，原核生物（細菌とアーキア）に属する特定の種に限定される．唯一の窒素源として窒素分子（N_2）を利用することが可能であり，窒素固定菌（またはジアゾトロフ，diazotroph）と呼ばれる．系統的には多様な菌種が窒素固定菌として知られている．独立栄養性，従属栄養性，好気性，通性嫌気性，絶対嫌気性，光合成細菌まで様々な生理的に異なるタイプが存在している．このような多様な窒素固定菌が様々な環境に生息していることで，反応性窒素が供給され，その生態系における窒素循環に貢献している．

　生物的窒素固定はニトロゲナーゼと呼ばれる酵素複合体によって触媒される．この酵素複合体はジニトロゲナーゼとジニトロゲナーゼレダクターゼという異なる2つのタンパク質から成る．どちらのタンパク質も鉄（Fe）を含んでいる．また，ジニトロゲナーゼはモリブデン（Mo）も含んでおり，これらの金属は触媒部位の鉄モリブデンコファクターに含まれている．モリブデンの代わりにバナジウム（V）または鉄を含むものもあり，代替ニトロゲナーゼと呼ばれる．主要なニトロゲナーゼは，モリブデンコファクターを含むモリブデン含有ニトロゲナーゼである．

　窒素分子の三重結合は安定で不活性であるため，窒素分子の還元には大きなエネルギーが要求される．窒素の還元のための電子は，フェレドキシンまたはフラボドキシンと呼ばれているタンパク質により提供され，ニトロゲナーゼレダクターゼが還元される．このとき，2分子の ATP を結合し，還元型ニトロゲナーゼレダクターゼがジニトロゲナーゼに電子を伝達する．還元型ジニトロゲナーゼが窒素分子を2分子のアンモニアに還元する．窒素分子を還元するのに必要な電子は6個であるが，2個の電子が水素（H_2）として失われるため，合計8個の電子が消費される．

$$N_2 + 8H^+ + 8e^- + 16ATP \longrightarrow 2NH_3 + H_2 + 16ADP + 16Pi \quad (\text{Pi はリン酸})$$

　取り込み型ヒドロゲナーゼ（uptake hydrogenase：Hup）と呼ばれている酵素を有する窒素固定菌は，生成した水素を陽子と電子に再酸化させることで，ニト

ロゲナーゼによる水素生成において失われる電子供与体を回収している.

窒素固定は,窒素源としてアンモニアを同化するのに比べて大量のエネルギーが必要なため,アンモニアなどの窒素化合物が十分に得られる状態のときにはニトロゲナーゼの生合成が抑制され,ATPの浪費を防いでいる.また,ニトロゲナーゼによって生成されたアンモニアは,5.3節で述べるグルタミン合成酵素(GS)・グルタミン酸合成酵素(GOGAT)経路により即座にアミノ酸に変換される.

窒素固定は還元的な反応であるため,ニトロゲナーゼ複合体,とくにジニトロゲナーゼレダクターゼが酸素(O_2)によって不活性化され,窒素固定プロセスは酸素によって阻害されてしまう.そこで,好気性の窒素固定菌の場合は酸素からニトロゲナーゼを保護する様々な防御機構を発達させている.たとえば,呼吸による酸素の除去,酸素の侵入を抑制する細胞外粘液層の形成,特殊な細胞(シアノバクテリアのヘテロシスト)へのニトロゲナーゼの隔離,ニトロゲナーゼを酸素による不活化から保護する特殊なタンパク質の生成,などによって酸素による窒素固定プロセスの阻害を防いでいる.

5.3 窒素の無機化と有機化

5.3.1 無機態窒素の有機化

微生物は細胞外から無機窒素化合物(アンモニアまたは硝酸)を取り込み,アミノ酸に同化し,さらにその他の窒素化合物に変換して細胞の構成成分の生合成に利用している.硝酸の場合は,同化的硝酸還元(assimilatory nitrate reduction)の同化型硝酸レダクターゼおよび同化型亜硝酸レダクターゼにより亜硝酸を経てアンモニアに還元した後,アミノ酸に同化する.この無機窒素化合物から生体成分である有機窒素化合物を生合成する過程が窒素の有機化である.微生物は,グルタミン酸脱水素酵素(GDH)経路およびGS-GOGAT経路という2つのアンモニア同化経路を持っている.アンモニウムの同化に関与するこの2つの代謝経路は,原核生物と真核生物を含むすべての微生物で共通している.

GDH経路は,アンモニウムが高濃度の条件下で働く経路で,GDHが1つの反応でα-ケトグルタル酸とアンモニウムからグルタミン酸を合成する.この経路では1分子のNADPHを使用する.

GS-GOGAT経路は,アンモニウム濃度が低いときに用いられる経路で,基質に

対する親和性が高い．GS-GOGAT 経路は2つの反応から成る．まず GS がグルタミン酸とアンモニウムからグルタミンを合成し，GOGAT がグルタミンと α-ケトグルタル酸から2分子のグルタミン酸を合成する．この経路では NADPH と ATP が消費される．一般的に，アンモニウム濃度が非常に低い環境中では，微生物は GS-GOGAT 経路を用いるのが普通である．また，窒素固定菌では，ニトロゲナーゼ複合体によって合成されたアンモニウムの蓄積によって窒素固定が阻害されることを避けるため，この GS-GOGAT 経路を使って速やかにグルタミン酸へと同化する．

《GDH 経路》

α-ケトグルタル酸 + NH_4^+ + NADPH ⟶ グルタミン酸 + $NADP^+$

《GS-GOGAT 経路》

グルタミン酸 + NH_4^+ + ATP ⟶ グルタミン + ADP + Pi

グルタミン + α-ケトグルタル酸 + NADPH ⟶ 2 グルタミン酸 + $NADP^+$

合成されたグルタミン酸は，細胞内のすべての窒素含有生化学物質の生合成に必要な窒素を供給する役割を果たすため，いずれの経路も，窒素同化反応にとって重要である．

5.3.2 有機態窒素の無機化

動植物遺体や排泄物に由来する土壌中の有機態窒素は，最終的には無機化されてアンモニウムになる．無機化をおもに担うのは従属栄養性の細菌と菌類である．また，微生物を摂食する原生動物，線虫類，および節足動物などの土壌動物の関与により無機化が促進されることが知られている．生物遺体を微生物が利用する際に有機態窒素が無機化され，副生成物としてアンモニウムが放出される．この有機窒素化合物からアンモニウムが生成する反応を窒素の無機化またはアンモニア化成（ammonification）と呼ぶ．

土壌に含まれる窒素の多くは有機態として存在し，その有機態窒素はおもにタンパク質態であり，一部はペプチドグリカンなども含まれる（森泉・松永，2009）．すなわち，生物遺体に含まれるタンパク質がおもな土壌有機態窒素の給源と考えられる．そこで，ここではタンパク質からの窒素の無機化過程について概説する．タンパク質は高分子化合物であり，微生物の細胞膜を通過することができない．そのため，微生物はタンパク質を低分子化合物へと変換する必要がある．この変

換は，タンパク質のペプチド鎖の加水分解によって，アミノ酸やオリゴペプチドに変換されるプロセスである．微生物はタンパク質を加水分解するタンパク質分解酵素プロテアーゼを細胞外に分泌する．このような酵素は細胞外で働くため，細胞外酵素という．プロテアーゼには，エクソプロテアーゼとエンドプロテアーゼがある．エクソプロテアーゼは，アミノ酸ないしはジペプチドをポリペプチド鎖の末端で切断する．一方，エンドプロテアーゼは末端からはなれた位置でペプチド鎖を切断する．また，エクソプロテアーゼは，ペプチド鎖をN末端で切断するアミノペプチダーゼと，C末端で切断するカルボキシペプチダーゼに分けられる．これらの酵素作用で生成したオリゴペプチドは，ペプチダーゼによってさらに加水分解される．

　生成したアミノ酸やオリゴペプチド（アミノ酸数個）は膜輸送タンパク質によって微生物の細胞内に取り込まれる．最終的に生成した細胞内のアミノ酸は，新たなタンパク質の生合成またはエネルギー産生のための異化反応に利用される．アミノ酸のような低分子の有機窒素化合物は，この微生物プロテアーゼによる加水分解によって生成される以外にも，根圏土壌では植物の根から分泌される場合もある（Haichar *et al.*, 2014）．細胞内に取り込まれたアミノ酸は，通常は細胞を構成する窒素化合物の生合成に利用される．しかし，窒素に対して相対的に炭素源が不足する場合は以下の脱アミノ化（deamination）によりアミノ酸から炭素源の獲得が行われる．その結果として，アンモニアが放出される．

　アミノ酸からα-ケト酸とアンモニウムが生成する様々なアミノ酸の酸化的脱アミノ反応を行う多様なアミノ酸デヒドロゲナーゼが知られている．

《酸化的脱アミノ反応》

$$R-CH(NH_2)COOH + NAD^+ + H_2O \longrightarrow R-C(=O)COOH + NH_4^+ + NADH$$

　　　（Rは様々なアミノ酸側鎖）

代表的なものとしてグルタミン酸デヒドロゲナーゼがあり，酸化的脱アミノ反応によってグルタミン酸からα-ケトグルタル酸とアンモニアが生成される．α-ケトグルタル酸はTCAサイクルの中間体であるため，炭素源としてエネルギー生産に利用される．他の脱アミノ反応として，フラビン酵素（アミノ酸オキシダーゼ）による酸化的脱アミノ反応やアスパラギン酸の脱アミノ反応（アスパラギン酸アンモニアリアーゼによりアスパラギン酸からフマル酸とアンモニアが生成する）が知られている（青木，2007）．

タンパク質以外の有機窒素化合物の無機化によってアンモニウムが生成する反応はもっと複雑な代謝によって行われる．

5.3.3 有機化・無機化の方向性

上述のように従属栄養性の微生物は土壌中の窒素循環において有機態窒素の無機化および無機態窒素の有機化のどちらにも働いている（図5.3）．微生物による無機化は，植物が利用できる形態の窒素が土壌中で増加することにつながる．一方，有機化は植物が利用できる窒素が減少するため，微生物と植物との間で窒素の獲得競争が生じることになる．土壌に供給される有機物が窒素を十分に含むならば，微生物の窒素要求性は容易に満たされ，余った窒素の放出（無機化）が進行する．窒素含有量の低い有機物ならば，炭素（C）が消費される過程で，窒素（N）は微生物によって保持され，さらに微生物は周囲の環境からより多くの窒素を吸収する．その結果，微生物バイオマスに窒素を取り込み，窒素を有機化する．

したがって，土壌微生物が窒素不足の状態にあるのか，あるいは炭素（エネルギー）不足の状態にあるのかは，土壌中の窒素循環と植物の生育に大きな影響を与える．その判定に一般に用いられるのが，有機物のC/N比である．一般的な経験則として，土壌に供給される有機物のC/N比が20以下の場合は無機化を促進

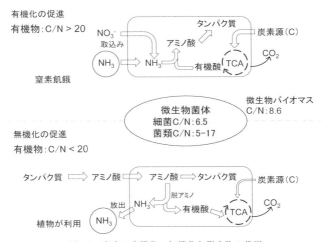

図5.3 窒素の有機化・無機化と微生物の代謝

するのに対して，C/N 比が 20 以上の有機物は有機化を促進する（図 5.3）．

しかし，実際には有機物の質が問題となる．その有機物の微生物による分解利用のされやすさが影響する．一般に土壌に供給される有機物は特定の化合物ではなく，多くの化合物を含んだ複合体であり，難分解性の有機物から易分解性の有機物まである．また，有機物が土壌中で粘土鉱物や腐植と複合体を形成し，分解抵抗性を変化させることも考えられる．また，無機化と有機化との間のバランスは，微生物の栄養要求性の違いにも影響を受ける．たとえば，菌類（菌体 C/N 比：5-17）は細菌（菌体 C/N 比：6.5）よりも広い C/N 比を持ち（Cleveland and Liptzin, 2007），C/N 比の大きな菌類の場合は細菌に比べて窒素に対するより低い必要性を示し，容易に窒素を無機化する．　　　　　　　　　　　　　　　　境　雅夫

5.4 硝　　化

5.3.2 項で述べたアンモニア化成で生成したアンモニウム（NH_4^+）は，アンモニア酸化菌により，亜硝酸イオン（NO_2^-）に酸化され，亜硝酸酸化菌によって硝酸イオン（NO_3^-）に酸化される．通常，アンモニア酸化過程と亜硝酸酸化過程において 3 つの酸化反応を経てアンモニウム（NH_4^+）が硝酸イオン（NO_3^-）に酸化される過程を硝酸化成または硝化（nitrification）という（図 5.4）．

$$NH_4^+ \xrightarrow{AMO} NH_2OH \xrightarrow{HAO} NO_2^- \xrightarrow{NXR} NO_3^-$$

AMO＝アンモニア酸化酵素
HAO＝ヒドロキシルアミン酸化還元酵素
NXR＝亜硝酸酸化還元酵素

5.4.1　硝化作用

硝酸態窒素は肥料にも含まれており，多量な窒素施肥により作物が利用できなかった窒素化合物が土壌に流出して井戸水に混入していることがある．農地に近い地域では硝酸態窒素による地下水汚染が著しいことが報告されている．細菌によって硝酸態窒素が亜硝酸態窒素に還元された後，体内でアミン（アンモニアに近い物質）などの有機物と反応して強い発がん性物質 N-ニトロソ化合物を生成する．この亜硝酸とアミンとの反応には胃の強い酸性条件が適していることが原因と考えられている．また，硝酸塩や亜硝酸塩も強い酸化作用を持つため，ヒトの

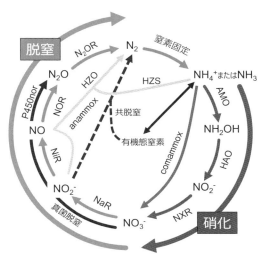

図 5.4 土壌微生物による窒素サイクルの主要経路と関与する酵素

体内のヘモグロビンが酸化されてメトヘモグロビン血症（赤血球の性質が変化することで，全身に酸素が十分に届けられず酸素不足を引き起こす状態を指す）を引き起こす．この汚染は農地の地下水でとくに著しく，ヒトの健康などに密接に関係している環境問題である．また，農耕地において硝化の過程で温室効果ガスの1つである一酸化二窒素（N_2O）を発生するため地球規模の環境問題にも密接に関係している（Smith *et al.*, 2007）（第10章参照）．

5.4.2 硝化の生化学

有機物が分解されて生成されたアンモニウム（NH_4^+）はアンモニア酸化菌によって亜硝酸イオン（NO_2^-）を生成する．

$$NH_4^+ + 1.5O_2 \longrightarrow NO_2^- + H_2O + 2H^+ \qquad \Delta G^{\circ\prime} = -274.7 \, \text{kJ}(\text{mol}\, NH_4^+)^{-1}$$

この過程は，メタンや二酸化炭素のような無機炭素を炭素源にしてアンモニアを酸化する過程で生成するエネルギーを使う独立栄養細菌であるアンモニア酸化菌（*Nitorosomonas* 属など）において分子生物学的な研究が進んでいる．アンモニアはまず細胞膜にあるアンモニア・モノオキシゲナーゼ（ammonia monooxygenase, AMO）によってヒドロキシルアミン（NH_2OH）に酸化される．

$$NH_3 + 2O_2 + H^+ + 2e^- \longrightarrow NH_2OH + H_2O$$

なお，*Nitrosomonas europaea* においては AMO をコードする遺伝子（*amoA* と *amoB*）がクローニングされ，さらに *amoAB* の上流領域に *amoC* が存在することが *N. europaea* だけでなく，土壌中で主要な硝化菌 *Nitrosospirea* 属，堆肥などに含まれる高アンモニウムを利用する *Nitrosococcus* 属でも報告された．*amoAB* とポリシストロニックに転写されることから，AMO を構成する遺伝子の1つと考えられている．しかし，*amo* 遺伝子の機能発現は未解明である．一方，土壌のメタゲノム解析や *amo* 遺伝子のクローン解析から土壌性アンモニア酸化アーキアの存在が明らかにされた（Leininger *et al.*, 2006）．しかし，アーキアによる好気的アンモニア酸化機構は不明である．

次に AMO によって生じたヒドロキシルアミン（NH_2OH）は，続いてペリプラズム空間に存在するヒドロキシルアミン酸化還元酵素（hydroxylamine oxidoreductase：HAO）によって亜硝酸イオン（NO_2^-）に酸化される．

$$NH_2OH + H_2O \longrightarrow NO_2^- + 5H^+ + 4e^-$$

HAO は分子量 63 kDa のサブユニットが三量体を形成している．それぞれのサブユニットには8分子のヘム *c* と，P460 と呼ばれる補欠分子族を1分子含んでいる．HAO のアミノ酸配列と相同性の高い酵素群は今のところ見つからず，アンモニア酸化菌特有といえる．硝化過程における一酸化二窒素（N_2O）の生成は，ヒドロキシルアミンから亜硝酸態窒素または一酸化二窒素になるのかは競合的な反応になっていて，一酸化二窒素は副次的に生成されると考えられる．

さらに，亜硝酸酸化菌（*Nitrobacter* 属など）の亜硝酸酸化還元酵素（nitrite oxidoreductase：NXR）により亜硝酸イオン（NO_2^-）を呼吸基質として取り込み硝酸イオン（NO_3^-）に酸化する．

$$NO_2^- + 0.5O_2 \longrightarrow NO_3^- \quad \Delta G^{\circ\prime} = -74.1 \, kJ(mol\, NO_2^-)^{-1}$$

ヒドロキシルアミンから硝酸イオンまでの反応では，電子がシトクロム系から成る電子伝達系に運ばれる過程でエネルギーが取り出され，そのエネルギーを使って水素イオン（H^+）が一旦膜外に押し出される．濃度勾配によって水素イオン（H^+）が ATPase を通過して再び細胞内に流入することで，ADP とリン酸から ATP が合成される．

これら2つの過程に関わる細菌群は総称して硝化菌と呼ばれる．アンモニウム（NH_4^+）から硝酸イオン（NO_3^-）への変化は以下の化学式で表現することができ

る．

$$NH_4^+ + 2O_2 \longrightarrow NO_3^- + H_2O + 2H^+ \quad \Delta G^{\circ\prime} = -348.9 \, kJ \, (mol \, NH_4^+)^{-1}$$

硝化は，NH_4^+ の酸化と亜硝酸の酸化のどちらか一方のみを担う化学無機独立栄養微生物がそれぞれ機能的分類群によって分業する2段階の過程から成ると提唱されていた（1980年代初頭，土壌学・微生物学者のセルゲイ・ヴィノグラドスキー）．しかし，この2段階を両方とも行う完全硝化（complete ammonia oxidation：comammox）の亜硝酸酸化菌（*Nitrospira* 属）の存在が集積培養系の活性測定によって証明された（Daims *et al.*, 2015；van Kessel *et al.*, 2015）（図5.4）．このことから硝化や窒素循環の生物地球化学的な研究の新たな展開が期待される．

5.5 脱窒

土壌生態系における脱窒は，土壌中の硝酸イオンをはじめとする一連の酸化窒素を最終電子受容体とする呼吸として機能する．すなわち脱窒反応は生体エネルギー（ATP）生成と共役している．酸素（O_2）の代わりに窒素酸化物を最終電子受容体とする嫌気条件下での呼吸形態の一種で，硝酸イオン（NO_3^-）を窒素（N_2）あるいは一酸化二窒素（N_2O）ガスまで還元して空気中に放出する生物学的過程を脱窒（denitrification，異化的硝酸還元反応）という．多くの通性嫌気性細菌が脱窒を行うが，脱窒能を有する一部の真菌（糸状菌）とアーキアが見つかっている．細菌による脱窒は，亜硝酸イオン（NO_2^-），一酸化窒素（NO），一酸化二窒素（N_2O）を中間生成物とする4段階の連続する還元反応であり，脱窒反応では4種の還元酵素が関与している（図5.4）．

$$NO_3^- \xrightarrow{NaR} NO_2^- \xrightarrow{NiR} NO \xrightarrow{NOR} N_2O \xrightarrow{N_2OR} N_2$$

NaR＝硝酸還元酵素
NiR＝亜硝酸還元酵素
NOR＝一酸化窒素還元酵素
N_2OR＝一酸化二窒素還元酵素

5.5.1 脱窒現象

水田では，湛水土壌の表層部の酸化層で硝化が起こり，生じた硝酸イオン（NO_3^-）が嫌気的な還元層へ入って脱窒が起こる．脱窒作用により，植物に不可

欠な窒素を土壌から奪うことで,作物生産力を減少させる.とくに熱帯地域では,硝化も脱窒も速く,窒素肥料の損失が大きい.一方,生物地球化学的に見れば,脱窒は地球の陸上で窒素が不断に利用できるために不可欠である.なぜならば,硝酸イオン（NO_3^-）は負電荷を持つ土壌粒子に吸着されず,土壌から溶出され,最終的には海洋に運搬されるため,海洋における脱窒がなければ,地球上の窒素はやがて海洋に集積し,陸上には生命が存在しなくなるからである.また,前述のように高濃度の硝酸イオン（NO_3^-）は有害であるため,飲料水としての水質を維持するためにも脱窒は重要である.これらの脱窒菌は富栄養排水の処理など,環境浄化に有効に利用されている（木村他,1994）.

5.5.2 脱窒の生化学
a. 細　菌

脱窒細菌の硝酸還元酵素（nitrate reductase）は,硝酸同化系の硝酸還元酵素と区別して,異化型硝酸還元酵素（dissimilatory nitrate reductase：dNaR）とも呼ばれる.硝酸イオンの2電子還元を触媒し亜硝酸イオンを生成する異化型硝酸還元酵素は,ヘテロ三量体（NarGHI）を形成する膜結合酵素の Nar とヘテロ二量体（NapAB）を形成してペリプラズム（外膜と細胞質膜の間のスペース）に局在する可溶性タンパク質の Nap に分類でき,NarG および NapA の酵素活性中心にはモリブデン（Mo）補酵素（コファクター）と鉄-イオウ（Fe-S）クラスターを含む.さらに,フェレドキシンを持つ NarH とシトクロム（cytochrome）b を持つ NarG あるいはシトクロム c を持つ NapB のサブユニットを経由して電子を受け取って硝酸イオン（NO_3^-）を亜硝酸イオン（NO_2^-）に還元する.

$$NO_3^- + 2H^+ + 2e^- \longrightarrow NO_2^- + H_2O$$

また,NO_2^- を NO に還元する異化型亜硝酸還元酵素（dissimilatory nitrite reductase：dNiR）は,ペリプラズムに局在する可溶性タンパク質であり,青〜緑色を呈する銅含有タンパク質型の Cu-Nir（NirK）と活性中心にヘム（heme）c とヘム d_1 を持つシトクロム（ヘムタンパク質）含有型の cd_1-Nir（NirS）に分類できる.

dNiR により生成した一酸化窒素（NO）の2分子は,一酸化窒素還元酵素（nitrous oxide reductase：NOR）により一酸化二窒素（N_2O）へ還元される.

$$2NO + 2H^+ + 2e^- \xrightarrow{NOR} N_2O + H_2O$$

細菌のNORは膜貫通型であり，2つのサブユニットのNorBとNorCがヘテロ二量体を形成する．NorCにはヘムcが含まれており，触媒を行うNorBへの電子供与体として機能する．これまでにNorBの活性中心には2種類のヘムbと非ヘム鉄Fe_Bの存在が報告された（Hino *et al.*, 2010）．

最後に，一酸化二窒素（N_2O）は一酸化二窒素還元酵素（nitrous oxide reductase：N_2OR）によって窒素（N_2）に還元される．N_2ORは，ペリプラズムに存在する銅含有酵素で*nosZ*にコードされている．*nosZ*の近傍には転写調節に関与していると考えられている膜タンパク質をコードする*nosR*が存在するが，その役割は未解明である．

最終的には，硝酸または亜硝酸が窒素に変換される化学式は以下のように表現することができる．

$$2NO_3^- + 5H_2 \longrightarrow N_2 + 4H_2O + 2OH^-$$
$$2NO_2^- + 3H_2 \longrightarrow N_2 + 2H_2O + 2OH^-$$

脱窒は嫌気呼吸の一種であるため，脱窒関連酵素は嫌気条件下，あるいは低酸素条件下で誘導発現する．大腸菌では鉄イオンが配位するFNR（fumarate and nitrate reduction）と呼ばれる転写因子を持つが，FNRによって調節を受けるプロモーターには，特異的な配列（5′-TTGAT——ATCAA-3′, FNR box）がある．FNRがここに結合することによって転写調節が行われる．脱窒細菌 *Pseudomonas aeruginosa* も大腸菌のFNRに相当する転写調節因子ANRを持つ．*P. aeruginosa* の脱窒関連遺伝子*nirS*と*norC*のプロモーター領域にはFNR boxと相同な配列がある．*anr*遺伝子欠損株では脱窒条件では生育せず，さらに*nir*, *nor*の転写活性が消失することから，脱窒遺伝子群の酸素による発現調節はANRによると考えられた．しかし，*nir-nor*遺伝子群中にタイプが異なる新規の調節因子DNRの遺伝子が発見された．*anr*遺伝子または*dnr*遺伝子変異株を用いた転写活性測定から，ANRが低酸素条件下でDNRの発現を誘導し，DNRが窒素酸化物の存在時に脱窒関連遺伝子群の発現を活性化する階層的な酸化還元制御系が存在することが報告された（Arai *et al.*, 1997）．

b. 真菌

窒素循環に関わる生物は原核生物のみと考えられてきたが，土壌真菌（糸状菌）の多くも明瞭な脱窒活性を示すことが報告されている（祥雲，2006）．土壌真菌 *Fusarium oxysporum* の脱窒過程では3種の還元酵素が関与している（図5.4）．

$$NO_3^- \xrightarrow{NaR} NO_2^- \xrightarrow{NiR} NO \xrightarrow{NOR} N_2O$$

NaR, NiR, NOR は p.77 と同じ

真菌脱窒系の反応を触媒する酵素のうち，硝酸還元酵素（NaR）と亜硝酸還元酵素（NiR）はミトコンドリアの呼吸鎖電子伝達系と共役した嫌気呼吸を担うことが生化学的解析によって示された（高谷，2005）．真菌脱窒系の構成成分の亜硝酸還元酵素（NiR）と P450nor（CYP55）はクローニングされている．糸状菌 NiR の系統解析から P450nor は脱窒細菌の銅含有型 NirK のオルソログであった．一方，NOR は細菌と真菌（糸状菌）で酵素の形態がまったく異なっている．真菌の NOR は呼吸鎖とは連携せず NADH により還元される．真菌では P450nor が NOR として働くが，F. oxysporum の脱窒系では，P450nor が関与する反応は NADH から直接電子を受け取るため呼吸電子伝達系に接続していない．NiR まで ATP 生産の呼吸として働き，硝酸呼吸の最終産物は一酸化窒素（NO）であり，P450nor は一酸化窒素の解毒系酵素として一酸化窒素を還元し，一酸化二窒素（N_2O）を生じ，脱窒系を完結させると考えられる（祥雲，2006）．CYP55 のアミノ酸配列は真核生物由来の P450 よりも放線菌の CYP105 ファミリーと高い相同性（35-40％）を示す．また，P450nor の遺伝子破壊は真菌脱窒能を失わせることから，真菌脱窒系の必須成分である（Takaya and Shoun, 2000）．一方，真菌脱窒系の P450nor の誘導に低酸素と誘導基質（硝酸または亜硝酸）の２つが存在する必要がある．真菌脱窒系の発現は，細菌の脱窒系と同様に，低酸素センサーと硝酸・亜硝酸の感知システムの転写因子による調節を受けていると考えられている（Takaya et al., 2000）．

このように真菌脱窒系においては，脱窒の最終産物は N_2O であるので，N_2OR を持たないようである．しかし，真菌は，NO_2^- とアンモニア（または有機態窒素）から共脱窒と呼ばれる反応系で窒素ガス（N_2）を発生することが知られている（Shoun et al., 1992）（図 5.4）．

5.6 嫌気性アンモニア酸化（アナモックス）

オランダデルフト工科大学のグループが排水処理施設の窒素除去過程で，これまでの脱窒とは異なる作用が自然界に存在すると報告した（van de Graaf et al.,

1995).ある種の細菌がアンモニアを嫌気的に窒素ガスまで酸化する嫌気性アンモニア酸化(anaerobic ammonium oxidation:anammox)である.

5.6.1 アナモックス反応

アナモックス反応は,亜硝酸イオンを電子受容体としてアンモニウムが酸化され,中間体としてヒドラジン(N_2H_4)を経てから窒素ガスを生成する微生物反応である(図5.4).

$$NO_2^- \xrightarrow{NiR} NO \longrightarrow N_2H_4 \xrightarrow{HZO} N_2$$
$$\uparrow HZS$$
$$NH_4^+$$

NiR は p.77 と同じ
HZO = ヒドラジン酸化酵素
HZS = ヒドラジン合成酵素

5.6.2 アナモックス細菌の生化学

これまでにアナモックス細菌の集積培養系の活性とそのゲノム解析から,3つの酸化還元反応から成る反応機構が提唱された(Hira *et al.*, 2012;Hu *et al.*, 2012).はじめに,dNiR により 1 つの基質の NO_2^- が NO へ還元される.

$$NO_2^- + e^- + 2H^+ \xrightarrow{dNiR} NO + H_2O$$

これまでのゲノム解析から銅含有型 NirK とシトクロム含有型 NirS が見つかり,アナモックス細菌において,いずれかの dNiR が機能していることから,上述の式が推定された.また,もう一方の基質のアンモニアとの間で N–N 結合が形成され,反応中間体のヒドラジンが合成される.

$$NO + NH_3 + 3e^- + 3H^+ \longrightarrow N_2H_4 + H_2O$$

ヒドラジン合成酵素(HZS)とヒドラジン酸化酵素(HZO)を共存させることでヒドラジンを酸化させ,窒素ガスが生成される(Kartal *et al.*, 2011).また,*Planctomycetes* のグループの細菌は,特異的性質としてアナモキソゾームと呼ばれるオルガネラを持っており,この菌による代謝の過程で発生する,きわめて反応性の高い中間体であるヒドラジンをこの中に隔離している(フェンチェル他,2015).ヒドラジン合成酵素は 3 つのサブユニットから成るヘテロ三量体を形成し,少な

くとも4つのヘムを持ち，その中にはNO結合性のヘムを有する複合ヘム酵素であると考えられている．最終的には，HZOによりヒドラジン（N_2H_4）が窒素ガス（N_2）へと酸化される．

$$N_2H_4 \longrightarrow N_2 + 4e^- + 4H^+$$

アナモックス細菌は独立栄養性で，外部からの電子供与体は必要としない．NO_2^-とNH_4^+からN_2への変化は以下の化学式で表現することができる．

$$NO_2^- + NH_4^+ \longrightarrow N_2 + 2H_2O \quad \Delta G°' = -358 \, kJ \, (mol \, NH_4^+)^{-1}$$

5.6.3　アナモックス反応の応用

　アナモックス反応では窒素除去に有機物がいらないため前述の硝化-脱窒作用と比べて利点がある．硝化-脱窒の過程で副産物の一酸化二窒素などが発生しないため，アナモックス細菌を利用した硝酸・亜硝酸浄化の研究が盛んに行われ，下水処理施設などですでに実用化されている．また，日本において長期に不耕起管理された谷津田において土壌圏で初めてアナモックス活性が実測された（Sato *et al.*, 2012）．湛水した水田・湿地でアナモックス反応を利用する水質浄化技術は，富栄養化の原因の1つである面源系窒素負荷を浄化ができることが知られ，管理の容易さからも有効である．

〈西澤智康〉

6

土壌におけるリン・硫黄・鉄の形態変化

　土壌の形成や物質循環において重要な有機化合物の形態変化と同様に，土壌におけるリン（P）・硫黄（S）・鉄（Fe）などの元素の土壌生物による形態変化は，陸上の植生や生態系および農業に重要な影響を及ぼす．土壌を形成する元素には水素，炭素，窒素，酸素，ナトリウム，マグネシウム，リン，硫黄，カリウム，カルシウムなどのように，植物などの生物が多量または比較的多量に必要とする元素である多量要素と，ホウ素，塩素，バナジウム，マンガン，鉄，コバルト，ニッケル，銅，亜鉛，セレン，モリブデン，スズ，ヨウ素などのように，比較的少量ではあるが生物の生命活動にとって必要とされる元素である微量要素とがある．また，生物にとって必須であるか否かが未知の元素も存在する．生体を構成するすべての元素は，生物が増殖・生長・死滅と合成・分解を繰り返すことによって生物に同化され，さらには異化されて生態系を循環している．

　元素の多くは地殻鉱物や土壌構成鉱物の溶解によって生態系に供給されると同時に，化石化により再び鉱物塩として地殻に戻る長期的な循環を行っている．その土壌における鉱物の溶解および溶解後の元素の酸化還元や同化には生物（とくに微生物）が関与していることが多い．また，土壌中の生物には鉱物中の特定の元素を溶出するための酸性物質やキレート物質を分泌するものが存在し，それらの生物の作用によって微量要素が生態系に移行する割合は少なくないと考えられている．

　本章では，比較的多量に存在し，かつ生物の栄養元素としてとくに重要な，リン・硫黄および鉄の土壌における存在形態および形態変化と，その変化に関与する生化学反応について解説する．

6.1 土壌におけるリンの形態変化

リンはすべての生物にとって重要な必須元素である．それは，生物細胞の膜の構成元素であり，生物の遺伝物質である核酸の構成元素であるとともに，エネルギー代謝に必要な高エネルギー化合物の構成元素であることによる．また，リンは多くの分解代謝中間分子の構成元素としても生物にとって共通に必要とされる元素である．したがって，生態系におけるリンの循環は，量的には炭素や窒素ほど多くはないものの重要視される必要がある．本節では，土壌におけるリンの生化学的な形態変化について示す．

6.1.1 自然界におけるリンの循環

地殻および生態系に存在するリンの形態としてもっとも多いものは無機リン酸塩である．無機リン酸塩は，地殻では生物起源の化石リン鉱石，マグマ活動によって生成された火成リン鉱石およびグアノ（鳥糞石）などとして局所的に存在する．これらのリン鉱石の多くはリン酸とカルシウムを主成分とするリン灰石（apatite）である．一方，陸上および水系生態系においては，リンの大部分は生物に取り込まれて核酸やヌクレオチドおよびリン脂質といった生体内の有機リン化合物として存在する．また，リン酸は無機ポリマーであるポリリン酸として生物体内に蓄積されることがある．したがって，生態系におけるリンの大部分は生物細胞に取り込まれていることになり，生物細胞の外部に存在するリンの量は限られている．これにより，生物が生態系内で増殖する際にはリン，とくにリン酸イオンが制限となってその増殖速度やバイオマス量が決定されることが多い．

大気中にはリンがごくわずかに存在するがそれは無視できる程度に少ない．したがって，リンのほとんどは地殻・地表土壌・水系を循環していることになる．地殻を経由するリンの循環は，他の多くの元素の循環と同様にきわめて長期的な循環である．地殻中のリンは，地殻岩盤が地表面に現れ植物などの生育基盤となる土壌の形にまで風化されることによってはじめて生態系での循環に戻れる．そのようにして循環経路に戻されたリンは，一旦は生物体内に取り込まれるが，溶解性リン（主としてリン酸イオン）として地表水の流下によって地圏から水圏へと運搬される．したがって，生態系における比較的短期のリンの挙動は，海鳥と，河川などを遡上して一生を終える回帰魚などによって陸地に戻されるごくわずか

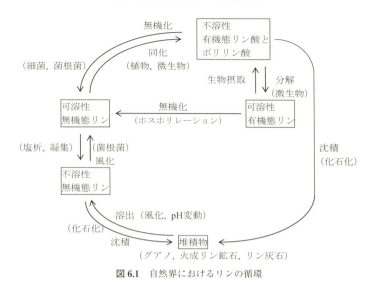

図 6.1 自然界におけるリンの循環

の量を除いて，陸上生態系から海洋などの水系生態系に向かう一方向の移動である．そのようなリンの移動には，人為的なリン鉱石の採掘とリン肥料や工業原料としての消費なども大きく関与しており，生態系でのリンの循環量に影響を与えている．その典型的な例が，局所的なリン濃度の増殖制限条件を解除することに起因する植物や微生物藻類の異常増殖である．これは，窒素化合物濃度の増大とともに富栄養化 (eutrophication) 現象を引き起こす大きな原因の 1 つとして取り上げられている．以上のような生態系におけるリンの循環の概念を図 6.1 に示す．

6.1.2 土壌におけるリンの存在形態

炭素や窒素や硫黄の循環とは異なり，生態系におけるリンの循環において生物によりリン自体が酸化還元されることはほとんどない．すなわち，リンは生物の関与する循環系でもほとんどの場合は P^{5+} のリン酸 (H_3PO_4 およびその誘導体) として存在する．陸上生態系の基盤となる土壌のリンの含量は 400-1200 mg kg^{-1} 程度であるといわれるが，そのうちの生物が利用できるリンはその 5% 以下にすぎない．これは土壌中のリンの大部分が不溶性のカルシウム塩，鉄塩，アルミニウム塩などとして存在するためである．また，海洋などの通常の水系にはリンはさ

らに低濃度にしか存在せず，その濃度は 0.01-0.1 mg L^{-1} 程度であり陸上生態系以上に生物の増殖制限要因となっている．

一旦生物によって同化されて有機リン酸化合物に変換され物質代謝やエネルギー代謝に利用されたリンは生物細胞内で循環利用される．また，核酸や膜構成リン脂質として生物に蓄積される．その一部は生物の死滅による自己溶解や微生物による分解によってリン酸イオンや有機リン酸化合物として細胞外に放出される．多くの土壌においては，有機化されたリンは全リンの 30-50% を占めているが，この割合は土壌によって異なる．また土壌中の有機リンのうちその 60% 以上がフィチン（phytin, myo-イノシトール六リン酸エステル（フィチン酸）の 2 族塩またはアルカリ土類金属塩）として存在し，残りの大部分は核酸またはその構成成分であるヌクレオシドやヌクレオチドおよび微量のリン脂質の形態で存在する．

6.1.3　リンの形態変化の生化学
a. リンの有機化

主として無機化合物として土壌中に存在するリンは，植物根や土壌微生物などによってリン酸イオンとして吸収されて，同化産物としての有機リン化合物に変換される．大腸菌などの細菌を用いた研究では，リン酸イオン以外のイオンの輸送をも行う Pit と，リン酸イオンのみの輸送を行う Pst の 2 つの異なるリン酸輸送システムが存在することが知られている．とくに Pst システムはリン酸飢餓の条件で発現される（Willsky and Malamy, 1980）．リン酸イオンを吸収する植物や微生物に限らないが，すべての生物は無機化合物のリン酸を有機化合物に結合するための酵素であるリン酸化酵素（キナーゼ（kinase），リン酸基転移酵素（phosphotransferase））を有している．有機化合物にリン酸基を結合する部位によってキナーゼの種類は表 6.1 のように分類することができる．

有機化合物のリン酸化によって生成された有機リンの大部分は，土壌微生物や植物および動物の細胞中に核酸や細胞膜などの生体膜リン脂質として蓄えられる．

b. リンの無機化

細胞から土壌中に放出された DNA などの核酸としての有機リンや，生物細胞膜を構成するグリセロリン脂質であるフォスファチジルコリンなどの有機リン化

表 6.1　キナーゼの分類

結合部位	例
水酸基	ヘキソキナーゼ，グルコキナーゼ，NAD^+キナーゼなど
カルボキシ基	アスパラギン酸キナーゼ，ホスホグリセリン酸キナーゼなど
リン酸基	ヌクレオシド二リン酸キナーゼ，ホスホメバロン酸キナーゼなど
タンパク質	プロテインキナーゼ，チロシンキナーゼ，セリンキナーゼなど
窒素基	クレアチンキナーゼ
その他	ポリメラーゼキナーゼ，インテグラーゼキナーゼ，N-アセチルグルコサミン-1-リン酸トランスフェラーゼなど

合物は，土壌中に生存する微生物によって生産されるホスファターゼ（phosphatase，ホスホエステラーゼ（phosphoesteras）とも呼ばれる）やヌクレオチダーゼ（nucleotidase）などによって速やかに分解され，リン酸に変換される．

有機リン化合物の中には植物がリン酸を貯蔵するために生産するフィチンのように，微生物によって分解されにくく土壌中に残存するものもある．とくに，このような複雑な有機リン化合物が粘土粒子などに吸着されている場合の分解は，そうでない場合に比べて極端に遅くなるといわれている．しかし，このフィチン（およびフィチン酸）も次に示すように土壌中の多くの微生物が生産する酵素であるフィターゼ（phytase）によっていずれ分解されてリン酸として放出される．

$$\text{フィチン} \longrightarrow \text{フィチン酸}^{12-} + 6M(II)^{2+}$$

$$\text{フィチン酸}^{12-} + 6H_2O \longrightarrow \text{イノシトール} + 6HPO_4^{2-}$$

（ここで $M(II)^{2+}$ は，2族またはアルカリ土類金属のイオン）

c. リンの可溶化・吸収・固定化・蓄積

土壌中に存在するリンは，その大部分が土壌鉱物に取り込まれるか土壌鉱物表面に吸着して存在する．リンの土壌鉱物として広く分布する存在形態はアパタイト（apatite，リン灰石とも呼ばれる）である．アパタイトの一般化学組成は $M(II)_5(PO_4)_3(F,Cl,OH)_2$（ここで，$M(II)$ は +2 価の陽イオン）である．たとえば，リンをリン酸イオンとして土壌に添加しても，そのほとんどはただちにアパタイトやカルシウム，鉄，アルミニウムなどと結合して難溶性の塩として土壌に留まる．

一方，土壌中には植物根圏で植物と共生し土壌中の不溶性リン鉱石や有機化合物結合リンを可溶化する糸状菌が存在している．これらの微生物は菌根菌（mycorrhizae）と総称される．菌根菌は植物根の内部に入り込んで共生する内生菌根菌（endomycorrhizae）と植物根の周辺で生息する外生菌根菌（ectomycorrhizae）

とに分けられる．菌根菌は植物根から供給される有機化合物を受け取って増殖するとともに，リンやカルシウムを可溶化し植物が利用できるリンの形態（リン酸およびポリリン酸などの形態）に変換して植物に供給したり，植物根の吸水能力を高めかつ土壌の水分保持性を高めたりすることによって植物の生育を助ける．したがって，植物が生育するために利用可能なリン酸イオンが欠乏する土壌において，菌根菌は自然生態系におけるリンの循環経路を確保するうえで重要である．

　リン含有鉱物や難溶性リン酸塩を可溶化させるメカニズムとして，以下のような微生物による硫化水素や酸の生成が機能している．

(1) 硫酸還元菌によって生産された硫化水素による可溶化

$$2M(III)PO_4 + 3H_2S \longrightarrow 2M(III)S + S^0 + 2H_3PO_4$$

　　　（ここで，M(III)は+3価の陽イオン，S^0は元素硫黄）

(2) 無機強酸生成細菌により生成された強酸による溶解

$$S^0 + H_2 + 2O_2 \longrightarrow H_2SO_4 \qquad H_2S + 2O_2 \longrightarrow H_2SO_4$$

　　（生成された硫酸によるリン鉱物の溶解）

$$2NH_3 + 3O_2 \longrightarrow 2HNO_2 + 2H_2O \qquad 2HNO_2 + O_2 \longrightarrow 2HNO_3$$

　　（生成された硝酸によるリン鉱物の溶解）

(3) 有機酸生成菌により生成された有機酸のキレート効果によるリン鉱物の溶解

　おもに土壌微生物が生成する，クエン酸，シュウ酸，乳酸，コハク酸などの有機酸と陽イオンとのキレート結合によるリン酸の可溶化で，前述の菌根菌による不溶性リン鉱石や有機化合物結合リン酸塩の可溶化もこれに含まれる．植物や微生物の中には，細胞外にごくわずかに存在するリン酸を効率よく吸収するためのリン酸イオン膜輸送系を発達させたものが存在する．また，有機リン酸化合物を直接細胞内に取り込む微生物も存在する．これらによって生物に蓄積されたリンは生物細胞の分解によって再び土壌や水域に戻され，その一部は植物や微生物の栄養として再び利用されることになる．

　一方，ある種の細菌はリン酸が直鎖状に結合したポリリン酸（polyphosphate）の形で細胞内にリン酸を大量に蓄積する能力がある．ポリリン酸は生物が生産する数少ない無機ポリマーであるといわれる．また，ポリリン酸分子に含まれる高エネルギーリン酸結合によって大量のエネルギーの貯蔵が可能なことから，微生物が成育・生存するためのエネルギー貯蔵物質としての役割を持つと推定される．ポリリン酸を合成する細菌はポリリン酸キナーゼ（polyphosphate kinase：PPK）

を有しており，この酵素の作用によってATPを原料としてポリリン酸を合成する（黒田，2003）．

6.2 土壌における硫黄の形態変化

硫黄は炭素や窒素と同様に生体分子を構成する主要な元素である．この元素は硫黄を含むアミノ酸（システインとメチオニン）およびアミノ酸の重合によるタンパク質の合成に必須とされる．また，チオール化合物として代謝反応に利用され，ビタミン，補酵素，ホルモン，硫酸エステル，スルホン酸塩などの構成元素としても細胞に同化されて利用される．したがって，硫黄はすべての生物にとって重要な元素である．本節では，この硫黄の土壌における生化学的な形態変化について示す．

6.2.1 自然界における硫黄の循環

地球では地殻にもっとも多量の硫黄が貯蔵されており 2.4×10^{10} Tg 程度と推定されている．また，海洋水中にもおもに硫酸イオンとして 1.3×10^{9} Tg 程度が溶存していると推定される．しかし，これらの硫黄は他の栄養塩元素に比較すれば過剰に存在するため，循環しているというよりは比較的安定な量として貯蔵されている．土壌において重要な硫黄は生物体や残留有機化合物（海洋溶存有機化合物など）に含まれるもので，その総量は 3×10^{4} Tg 程度と推定される．この区分の硫黄の量が生物による同化や異化の代謝によって生態系で循環しているとみなされる（理科年表，2017）．

土壌微生物の中には，硫黄をタンパク質やビタミンなどに変換して同化するだけではなく，元素硫黄および還元された状態の硫黄化合物をエネルギー源として利用するものが存在する．また，一部の土壌微生物は硫黄および酸化された状態の硫黄化合物を嫌気的呼吸のための電子受容体として利用する．硫黄はもっとも還元された状態の-2価（硫化物）からもっとも酸化された状態の $+6$ 価（硫酸イオン）と広い範囲の酸化・還元状態で存在するため，その酸化と還元によって微生物が獲得できるエネルギー量は大きい．

微生物に同化される硫黄の量は炭素や窒素に比較すれば少ないが，バクテリアからアーキアまで様々な原核細胞生物のエネルギー代謝（異化代謝）に利用され

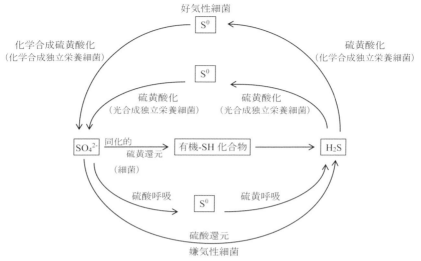

図 6.2 自然界における硫黄の循環

る点ではその重要度が大きい．硫黄はまた，硫酸グルコース，硫酸コリン，硫酸フェノール，硫酸-ATP などの有機硫黄化合物としても生体に含まれる．これらの合成・分解を含めて，微生物を介する生態系での硫黄の循環量は決して少なくない．有機硫黄化合物は地殻にも大量に存在している．それらの多くは石炭などの化石燃料の有機化合物として存在し，その代表例がジベンゾチオフェン（C_8H_6S）（dibenzothiophene，チオナフテン（thionaphthen）ともいう）である．人為的な化石燃料資源の採掘利用がなければ，きわめて長期間をかけて循環する有機硫黄化合物であるが，石炭などの燃焼によっておもに二酸化硫黄として大気に放出される．これは結果的に近年の重大な環境問題の1つである酸性雨として土壌や海洋に戻される．このように，生態系における硫黄の循環は様々な場において活発になされていると考えられ，その全容は図 6.2 に示すとおりである．

6.2.2 土壌における硫黄の存在形態

土壌においては，硫黄は硫酸塩や硫化物などの無機硫黄と，硫黄を結合したアミノ酸とそれを含むタンパク質や同じく硫黄を結合したビタミン類（ビオチン，チアミンなど）および補酵素類（グルタチオン，コエンザイム A など）などの有

機硫黄として存在する．システイン残基を含むタンパク質から成る酵素に存在するスルヒドリル基（SH 基）は，次に示すように基質と酵素が結合する際に必要とされることから代謝反応では重要である．

$$R_1\text{-SH} + \text{SH-}R_2 \longrightarrow R_1\text{-S-S-}R_2 + 2\text{H}$$（ここで R_1, R_2 は有機化合物残基）

有機化合物に含まれる C-O-S の形の結合を持つ有機硫黄化合物は，一般に硫酸エステルと呼ばれる．その代表的なものとしてコリン硫酸，チロシン硫酸，コンドロイチン硫酸がある．有機化合物の中でも，オキソ酸であるリン酸と硫酸によって作られるエステル結合である P-O-S の形の結合を持つ有機硫黄化合物（アデノシンホスホ硫酸（APS）やホスホアデノシンホスホ硫酸（PAPS））は，無機硫黄である硫酸イオンから硫黄を含むアミノ酸であるシステインを生合成する際の中間体として重要な役割を果たす．

6.2.3 硫黄の形態変化の生化学
a. 硫黄と硫化水素の酸化

硫黄または硫化水素が蓄積され，かつ O_2 が存在する嫌気性と好気性の境界環境においては，硫黄および硫化水素は，光合成細菌や化学合成細菌から従属栄養細菌を含む多くの微生物によって，次の化学反応式のように最終的に硫酸イオンにまで酸化される．

$$S^0 + \frac{3}{2}O_2 + H_2O \longrightarrow SO_4^{2-} + 2H^+$$

$$H_2S + \frac{1}{2}O_2 \longrightarrow H_2O + S^0$$

これらの反応に関わる微生物の多くは，硫化物を酸化して元素硫黄を生成しそれを細胞内に貯め込む．このような微生物は通性嫌気性または微好気性の細菌であることが多い．また元素硫黄を硫酸イオンにまで酸化する細菌は好気性であり，反応の結果生成される硫酸により生息環境の pH は 2 程度の強い酸性となることが多く，*Acidithiobacillus* 属などの耐酸性の細菌が主としてこの反応を行うと考えられる．一方，好気性の従属栄養細菌や糸状菌の中には，硫黄を酸化してチオ硫酸イオンを生成するものがある．チオ硫酸イオンは通常さらに酸化されて最終産物の硫酸イオンになるが，従属栄養微生物による硫黄酸化の反応経路はまだ十分に解明されていない．

光合成独立栄養微生物の中には，絶対嫌気性の環境で光のエネルギーを利用して硫化水素および硫黄を硫酸イオンにまで酸化するものがある．これらの細菌として，現在のところ緑色硫黄細菌（green sulfur bacteria）と紅色硫黄細菌（purple sulfur bacteria）が知られている．これらの細菌は，緑色の光合成独立栄養細菌である藍藻（シアノバクテリア，cyanobacteria）や植物とは異なり，二酸化炭素を還元して有機化合物を生成する際に光合成により水を分解して水素を取り出すのではなく，硫化水素を分解して水素を取り出しその水素を電子供与体として用いる．

　ある種の細菌（*Thiobacillus denitrificans* など）は元素硫黄の還元と脱窒を同時に行うことができる．これらの細菌は通性嫌気性細菌であり，O_2 存在下では通常の硫黄酸化細菌として機能する．ただし，O_2 が存在せず硝酸イオンが存在する場合には，最終電子受容体として硝酸イオンを還元し N_2 ガスとして放出（脱窒）するとともに，元素硫黄を酸化して硫酸イオンを生成する（松井・立脇，1988）．この細菌は硫黄を硫酸イオンにまで酸化するものの，脱窒によって硝酸イオンが消費され，かつ硫酸イオンは通常カルシウムイオンと反応して不溶性の硫酸カルシウム塩を生成するため，周辺環境の pH を低下させることがない．したがって，前述の *Acidithiobacillus* 属とは異なり耐酸性ではなく中性 pH で増殖する．

b. 硫酸塩と硫黄の異化的還元

　硫酸イオンを最終電子受容体としてエネルギーを獲得して生育する多くの細菌が存在する．それらは，硫酸イオンおよび容易に分解できる有機化合物が存在しかつ O_2 が存在しない底泥や地下水飽和帯土壌および動物腸内などに多く生息しており，硫酸還元菌（sulfate-reducing bacteria：SRB）と総称される．多くのSRBは次の化学反応式のように水素分子を電子供与体として硫酸イオンを還元し－2 価の硫黄化合物である硫化水素を生成する．

$$4H_2 + SO_4^{2-} + 2H^+ \longrightarrow H_2S + 4H_2O$$

この反応を硫酸塩還元（sulfate reduction）という．硫化水素が水に溶けて生成される硫化水素イオン（HS^-）およびイオン化した硫黄（S^{2-}）は，金属イオン（陽イオン）と容易に結合して通常不溶性の硫化物となって嫌気的環境に貯留されることが多い．この際の電子供与体となる H_2 は有機化合物の嫌気的な酸化（脱水素）によって供給される．

　SRB は，H_2 だけではなく酢酸やメタノールのような低分子有機化合物を直接の

電子供与体として硫酸塩を還元することもできる．酢酸を電子供与体とする場合の硫酸塩還元反応は次式のとおりである．

$$CH_3COO^- + SO_4^{2-} + 3H^+ \longrightarrow 2CO_2 + H_2S + 2H_2O$$

酢酸やメタノールのような低分子のメチル化合物は，土壌中の嫌気的環境でメタン発酵の基質としてメタン生成アーキア（methanogenic Archaea）によって利用される．したがって，SRBとメタン生成アーキアはこれらの有機化合物を奪い合うことになる．しかし，硫酸還元反応の自由エネルギー変化はメタン発酵のそれよりも大きいため，硫酸塩が存在する場合には硫酸塩還元がメタン発酵よりも優先して進行する．また，SRBの中には，低分子の有機化合物だけではなく，芳香族化合物や長鎖脂肪族化合物を分解するものも存在し，これらの物質に汚染した地下深部の土壌や地下水の浄化に応用できると考えられている．

硫酸塩の還元に加えて，元素硫黄を硫化水素にまで還元しエネルギーを獲得して生育する微生物も存在する．これもSRBと同様に嫌気性細菌である．これらの細菌が行う反応をとくに硫黄呼吸（sulfur respiration）と呼んでいる．例として，ある種の細菌が行う酢酸を電子供与体とする硫黄呼吸は次の化学反応式で示すことができる．

$$4S^0 + CH_3COO^- + H^+ + 2H_2O \longrightarrow 2CO_2 + 4H_2S$$

硫酸塩還元も硫黄呼吸も最終産物として硫化水素の生成に帰着する．この反応によって生成された硫化水素は，自然界では一般に一旦硫化物の形で蓄積されるが，前述のように嫌気的環境で水に溶けて硫化水素イオンとして溶出すると，化学合成独立栄養生物または光合成従属栄養生物によって取り込まれ，好気的環境では再び硫黄酸化のプロセスに移行し生態系において循環される．

c. 有機硫黄化合物の生成と分解

前述のように硫黄は無機化合物として存在しているだけではなく，炭素と結合して有機化合物としても存在している．生態系にもっとも多量に存在する有機硫黄化合物はタンパク質である．その構成アミノ酸であるメチオニンとシステインに硫黄が含まれるからである．

前述のように，リン酸と硫酸によって作られるエステル結合であるP-O-Sの形の結合を持つ有機硫黄化合物（APSやPAPS）は，次に示すように無機硫黄である硫酸イオンからシステインを生成する．

$$SO_4^{2-} + ATP \longrightarrow APS + PPi \quad (ここに，PPiはピロリン酸)$$

$$APS + ATP \longrightarrow PAPS + ADP$$
$$PAPS \longrightarrow PAP + SO_3^{2-} \quad SO_3^{2-} \longrightarrow \longrightarrow \longrightarrow HS^-$$
$$HS^- + セリン \longrightarrow システイン$$

（PAPはホスホアデノシンリン酸）

これらの反応で無機化合物の硫黄は還元されて有機化合物であるシステインに結合した硫黄となる．この硫酸の還元を同化的硫酸還元と呼んでおり，硫黄の有機化の代表例である．

一方で，多くの微生物がこれらのアミノ酸をエネルギー源として分解し，O_2 の存在しない条件では最終産物として硫化水素を生成する．例として，システインの分解は次の化学反応式で示される．

$$システイン + H_2O \longrightarrow セリン + H_2S$$

また，O_2 が存在する条件では，硫化水素は前述のとおり何種かの微生物によって酸化されて硫黄および硫酸イオンとなる．

有機硫黄化合物は，タンパク質の他にジメチルスルフィド（$H_3C-S-CH_3$）として比較的多量に存在する．この硫黄化合物は，細胞の浸透圧調整物質であるジメチルスルフォニオプロピオン酸が多くの従属栄養細菌によって分解されることで生成される．ジメチルスルフィドは揮発性の高い化合物であるため大気中に放出され海藻臭や磯の香りの主成分としても知られている．ただし，大気に含まれるもっとも多い炭素を含む硫黄化合物は硫化カルボニル（carbonyl sulfide：COS）である．これは，植物の構成有機化合物であるチオシアン配糖体（thiocyanogenic glycosides）のグルコシノレイト（glucosinolate）に由来する．植物が分解されグルコシノレイトが部分的に分解されるとチオシアン（thiocyan, $(SCN)_2$）やその異性体であるイソチオシアン（isothiocyan）が生成し，それがさらにある種の微生物によって酸化されて硫化カルボニルを生成する．大気に放出される硫黄化合物としての硫化カルボニルは，硫化水素などに比較すれば量的には少ないが，大気中では安定して存在するため（大気中での分子としての寿命は500日程度と推定される）500 ppt程度の比較的高濃度で存在する（Kettle *et al.*, 2002）．

6.3　土壌における鉄の形態変化

生物界およびそれを取り巻く地球環境との間においては，主要な生体構成元素

以外にも生物にとって必須な元素や生物の生育に大きな影響を与える元素の多くは，生物の作用によって化学的に変換されて生態系と地殻や海洋の間を循環している．生物の生存にとってなくてはならない元素は必須元素と呼ばれる．それらの中で微量要素と呼ばれるものは，植物などの生物によって必要とされる量はわずかであるが，それらがなければ生物の生命活動が成り立たない元素である．そのような必須微量要素の代表例が鉄である．鉄は様々な生体反応に必要とされ，生体にとって利用可能な鉄の量が土壌における微生物や植物の生理活性に大きな影響を与える．

本節では，土壌中に比較的大量に存在し，かつ生物にとって必須な微量要素として重要な役割を果たしている鉄の生化学的な形態変化について示す．

6.3.1 自然界における鉄の循環

太古の地球において，鉄は海洋水中に第一鉄イオンとして高濃度に溶存していたと考えられている．しかし，地球上に光合成を行う原核細胞生物（シアノバクテリア）が出現し，この生物が水を分解して分子状酸素（O_2）を放出した．海水中に溶存した O_2 は，pH が中性の条件で高濃度に溶存していた第一鉄イオン（Fe^{2+}）を酸化し，もっとも酸化された状態の第二鉄イオン（Fe^{3+}）に変換して不溶性化合物として海洋底に大量に沈積させた後に地殻へと移行させた．これが現在も大量に残されている縞状鉄鉱床であるといわれる．このような鉄の酸化反応はある種の微生物（*Acidithiobacillus*, *Gallionella* および *Leptothrix* 属の細菌など）が存在するとより一層速く進む．一方，鉄の最大の還元反応は，人為的な製鉄（Fe^{2+} または Fe^{3+} からの Fe^0 の生産）によってなされている．

そのような鉄の酸化還元による循環の概略を図 6.3 に示す．

6.3.2 土壌における鉄の存在形態

鉄は地殻において大量に存在する元素の1つである．鉄は自然状態では 0 価，+2 価または +3 価の酸化鉱物として存在する．鉄はそれ自体イオンとして水に溶解することができるが，他の多くの元素と結合して酸化物，硫化物，炭酸塩などの鉄化合物として存在することが多い．土壌の pH や酸化還元電位（Eh）によるが，鉄イオンの多くは +2 価の第一鉄イオンとして水に溶解する．この第一鉄イオンは pH が 4 以下の酸性領域では酸化されることはなく安定な水溶液として存

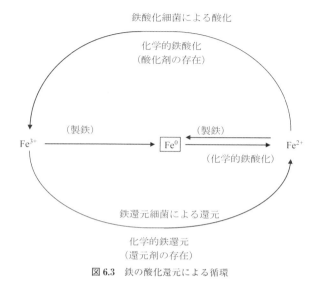

図 6.3 鉄の酸化還元による循環

在できるが，中性からアルカリ性の領域では非生物学的にも酸化されて＋3価の第二鉄イオンとなる（夏池他，2016）．第二鉄イオンはpHが中性の条件では難溶性の水酸化第二鉄となり，水溶液から析出して土壌に沈積したり他の土壌粒子に結合したりして不溶化する．このような鉄の酸化還元は上記のように非生物的にもなされるが，微生物によってなされる酸化還元反応は土壌生態系において鉄の供給ルートとして一定の役割を果たしている．

6.3.3 鉄の形態変化の生化学

a. 鉄の酸化

pHが酸性の条件では第一鉄（Fe^{2+}）は土壌中で安定であり，O_2が存在する好気的な環境でも第二鉄（Fe^{3+}）に酸化されることはない．しかし，ある種の好酸性細菌（*Acidithiobacillus ferrooxidans*，*Leptothrix ferrooxidans* など）は，酸性でかつO_2が存在する条件で次の化学反応式のように第一鉄イオンを第二鉄イオンに酸化することができる．

$$Fe^{2+} + \frac{1}{2}O_2 + H_2O \longrightarrow Fe^{3+} + H^+ + 2OH^-$$

これらの細菌によって生産された第二鉄イオンは，次の化学反応式で示すように，還元的な土壌に含まれる硫化鉄鉱（pyrite）などと反応して第一鉄イオンに還元される．また，同じ細菌の作用により硫黄は硫酸イオンに酸化されて溶出する．

$$14Fe^{3+} + FeS_2 + 8H_2O \longrightarrow 15Fe^{2+} + 2SO_4^{2-} + 16H^+$$

しかし，このようにして生成された第一鉄イオンもpHが中性で好気的な土壌中では再び酸化されて最終的には不溶性の水酸化第二鉄となる．

$$2Fe^{2+} + \frac{1}{2}O_2 + H_2O + 4OH^- \longrightarrow 2Fe^{3+} + 6OH^- \longrightarrow 2Fe(OH)_3$$

このpHが中性域の土壌における鉄の酸化は，化学的にだけではなく多くの土壌細菌によってもなされる．この中性条件での鉄酸化をする細菌としてよく知られているのが*Gallionella*属および*Leptothrix*属の細菌である．これらの細菌は弱酸性から中性域の好気的環境を好み，第一鉄が多く存在する嫌気性と好気性の土壌境界や土に埋もれた金属鉄表面などに生息する．また，これら好中性鉄酸化細菌の細胞表層には上記の化学反応式により生成された水酸化第二鉄の沈着が見られることが多い．

b. 鉄の還元

鉄は上記のように土壌の微生物によっても酸化されるが，酸化された鉄は硫化水素などの還元性物質によって化学的に還元されるだけではなく，通性嫌気性および絶対嫌気性のある種の土壌細菌（*Shewanella*属，*Geobacter*属，*Geospirillum*属，*Geovibrio*属など）によって再び第一鉄イオンに還元される．これは，それらの微生物が鉄を電子受容体とする鉄呼吸（iron respiration）というエネルギー生成システムを持っているためである．鉄呼吸は分子状酸素O_2が存在しない環境で脱窒や硫酸還元に優先してなされる．たとえば，電子供与体となる有機化合物分子が酢酸の場合には，鉄呼吸を行う微生物は次の化学反応式で示されるように第二鉄を還元し第一鉄を生成する．

$$CH_3COO^- + 8Fe^{3+} + 4H_2O \longrightarrow 2HCO_3^- + 8Fe^{2+} + 9H^+$$

鉄と硫化水素との反応によっても，次の化学反応式のように第二鉄を還元し第一鉄を生成するが，これはpH 7-9の弱アルカリ性における微生物の反応によってなされる．

$$2HFeO_2 + 3H_2S \longrightarrow 2FeS + S^0 + 4H_2O$$

以上のように，ある種の微生物群は+2価と+3価の間での鉄の酸化還元を繰り返すことによって生育するためのエネルギーを獲得している．そして，還元され易水溶性となった鉄イオンは，土壌生物に吸収されて利用されるだけではなく，再び鉄酸化細菌などのエネルギー代謝に利用される．

c. 鉄の有機化と有機鉄化合物の分解

鉄イオンはキレーターと結合して有機鉄となる．キレート作用を持つ有機化合物としては，リンと同様にクエン酸，シュウ酸のような低分子カルボン酸の他に，フミン酸やタンニンおよびシデロフォア（siderophore）といった鉄に特異的なキレーターも存在する（Gledhill, 2012）．このようなキレーターに結合した第二鉄イオンは水酸化鉄などの水に不溶な化合物を作らず，中性付近の土壌でも生物にとって利用可能な有機鉄化合物として存在する．

一方，土壌中の従属栄養微生物によって吸収された有機鉄化合物は，従属栄養微生物の炭素源などの栄養として利用される．また，有機鉄化合物が分解されることによって遊離した鉄イオンは，一般的な中性付近のpHの土壌では水酸化鉄として微生物細胞や土壌および植物根などに沈積する．有機鉄化合物の分解は，従属栄養細菌の他にも土壌中の糸状菌や酵母などの真核細胞微生物にも認められ，これらの土壌微生物は土壌における鉄の集積に一定程度関与している．

〈遠藤銀朗〉

7 共生の生化学

7.1 生物間相互作用

　生物は生態系の中で個体同士あるいは種間で相互作用する．この生物間相互作用を二者間の利害の観点から見ると，表7.1に示すように相利共生，寄生，片利作用，片害作用，拮抗作用，中立作用に分類される．これらの関係性は特定の生物種間で固定しているとは限らず，環境条件などによって連続的に変化しうる．たとえば，通常は相利共生的な生物同士が，ある環境条件では片利作用や寄生の関係性を示すこともある．

　「共生（symbiosis）」とは複数の生物が同じ場所で生活する状態を指し，1879年にde Baryによって初めて用いられた用語である．一般には，共生の関係性が互いに利益をもたらす場合に相利共生となる．土壌生態系には様々な共生関係が存在し，宿主（host）と共生者（symbiont）の組合せから，植物と微生物（植物-窒素固定細菌，植物-菌根菌），動物と微生物（シロアリ-腸内微生物），微生物と微生物（地衣類，嫌気性細菌共同体）に大別される．本章では，植物と微生物の共生である根粒共生（root nodule symbiosis）と菌根共生（mycorrhizal symbiosis）について，その形成過程や機能について生化学や分子遺伝学の観点から解説する．

表7.1　生物間相互作用

利害関係		生物 A		
		+	0	−
生物 B	+	相利共生	片利作用	寄生
	0	片利作用	中立作用	片害作用
	−	寄生	片害作用	拮抗作用

7.2 窒素固定細菌との共生

7.2.1 共生窒素固定の多様性

窒素は生物にとってとくに重要な元素であるが，大気の約78%を占める窒素分子（N_2）は不活性であり多くの生物は利用できない．一方で，原核生物の一部は，窒素分子を利用性の高いアンモニアに変換する能力を持つ．この反応を窒素固定（nitrogen fixation）といい，窒素固定細菌（nitrogen-fixing bacteria）のニトロゲナーゼ（nitrogenase）によって触媒される．窒素固定能を持つ生物は真正細菌とアーキアの一部のみであり，真核生物にはいない．土壌中には多様な窒素固定細菌が生息しており，単生するもの，根圏で生活するもの，エンドファイトとして植物体内に侵入するもの，植物と共生するものが存在する．とくに，植物との共生による窒素固定を共生窒素固定（symbiotic nitrogen fixation）という．

植物と相互作用する窒素固定細菌は窒素固定によるアンモニアを植物に供給し，一方で宿主植物から炭素源を獲得し相利共生が成立する．共生窒素固定を行う細菌は大きく3つのグループに分けられる．シアノバクテリアの *Nostoc* は，苔類，ツノゴケ類，アゾラ（シダ類），ソテツ類（裸子植物），グンネラ（被子植物）などの多様な植物種と共生し，ヘテロシスト（糸状体に沿って数細胞おきに出現する厚い細胞壁を持つ細胞で，光合成系が消失している）と呼ばれる球形の細胞で窒素固定を行う．放線菌の *Frankia* 属は，アクチノリザル植物と呼ばれるハンノキやヤマモモ，グミなどを含む3目8科の被子植物と共生する．アクチノリザル植物は *Datisca* 属以外すべて木本である．アクチノリザル植物の根にはコブ状の根粒（nodule）と呼ばれる器官が形成される．フランキアは根粒の皮層細胞内に侵入し，多重膜で覆われたベシクルを形成し，そこで窒素固定を行う．根粒菌（root-nodule bacterium, rhizobia）は α-プロテオバクテリアと β-プロテオバクテリアに属し，マメ科植物やアサ科の *Parasponia* と共生し根粒内で窒素固定を行う．マメ科植物の多くが根粒菌と共生するが，共生しない系統も存在し，たとえばジャケツイバラ亜科では根粒を形成する植物は属レベルで約5%のみである．また，セスバニアやクサネムなどは根粒を形成するとともに，茎に茎粒を形成する．根粒菌の大部分は *Rhizobium*, *Ensifer*（以前は *Sinorhizobium*），*Mesorhizobium*, *Bradyrhizobium*, *Azorhizobium* 属のいずれかに所属する．この他にも多様な根粒菌が存在し，いくつかの菌種は共生遺伝子の水平伝播によって生じたと

表 7.2　おもな根粒菌とその宿主

根粒菌	おもな宿主植物
Rhizobium etli	インゲン
Rhizobium galegae	ガレガソウ
Rhizobium leguminosarum	
symbiovar viciae	エンドウ, ソラマメ, レンズマメ, ベッチ
symbiovar trifolii	クローバー
symbiovar phaseoli	インゲン
Rhizobium pisi	エンドウ
Rhizobium tropici	インゲン, ギンネム, サイラトロ
Ensifer/Sinorhizobium meliloti	アルファルファ, タルウマゴヤシ
Ensifer/Sinorhizobium fredii	ダイズ, ツルマメ
Bradyrhizobium japonicum	ダイズ, ツルマメ
Bradyrhizobium elkanii	ダイズ, ツルマメ, サイラトロ
Mesorhizobium ciceri	ヒヨコマメ
Mesorhizobium huakuii	レンゲ
Mesorhizobium loti	ミヤコグサ, セイヨウミヤコグサ
Azorhizobium caulinodans	セスバニア

考えられている.根粒菌は宿主特異性（host specificity）を示し,たとえばアルファルファ根粒菌の *E. meliloti* はアルファルファに感染する（表 7.2）.しかし,1 対 1 の関係性を示さない例も多く,ダイズには *B. japonicum*,*B. diazoefficiens*,*B. elkanii*,*E. fredii* が感染することができる.また,*E. fredii* NGR234 は異なる属の植物に感染できるほど宿主域が広い.

共生窒素固定に必要な根粒菌の *nod* 遺伝子群や *nif* 遺伝子群は,*Rhizobium* 属などでは共生プラスミドと呼ばれるメガプラスミド（1000 kb 以上のプラスミド）に保持されている.一方で,*nod* 遺伝子群や *nif* 遺伝子群が染色体上にある根粒菌も多く見られる.これらの根粒菌では,主要な共生窒素固定遺伝子は共生アイランドと呼ばれる巨大な可動性遺伝因子内に存在する.共生アイランドは,染色体上の tRNA 遺伝子に挿入されており,GC 含量は染色体全体と比べて低い.

7.2.2　根粒形成機構

根粒共生における窒素固定は,次の過程を経て行われる（図 7.1）.（1）根粒菌の植物細胞への侵入,（2）根粒の器官形成,（3）窒素固定反応.最初の 2 つの過程はほぼ同時に進行し,これらが完了したのち窒素固定が開始する.根粒菌の侵入過程と根粒の器官形成過程は植物種によって異なる様式を示す.多くの植物では

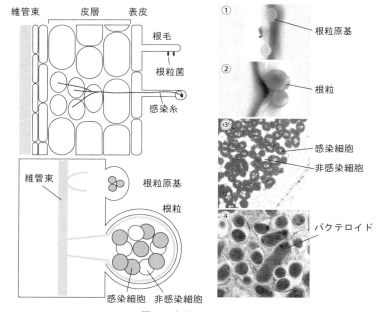
図 7.1 根粒の形成過程

　根粒菌は根毛の先端から侵入するが，ラッカセイや茎粒を形成するセスバニアでは表皮の傷から，ミモザでは表皮の隙間から侵入する．根粒の器官形成にもいくつかのタイプがあり，代表的な根粒形態としてアルファルファやエンドウなどに見られる無限型根粒とダイズ，インゲン，ミヤコグサなどの有限型根粒がある．無限型根粒は円筒形の細長い形態を示し，先端から基部に向かって分裂領域，感染領域，窒素固定領域，老化領域が存在する．有限型根粒は，形成早期に細胞分裂と分化が終了し，引き続いて細胞伸長によって肥大化し，球形の根粒となる．有限型根粒の中央には感染領域が存在し，その共生発達段階は均一である．この項では，アルファルファやダイズなどのマメ科作物で一般に観察される根粒形成過程について形態，細胞，分子の観点から解説する．

a. 根粒の形成過程

　根粒菌は通常，土壌中で単生しているが，マメ科植物の根から滲出するフラボノイド（図 7.2）を受容すると共生へと移行していく．フラボノイドを受容した根粒菌は Nod ファクター（図 7.3）と呼ばれるリポキトオリゴ糖のシグナル分子を

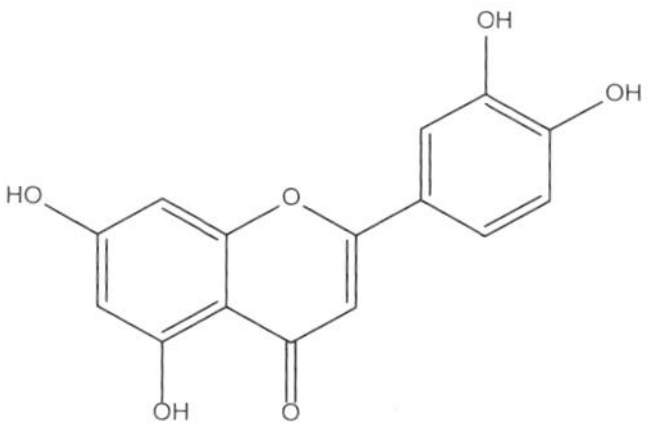

7.2 窒素固定細菌との共生

ルテオリン 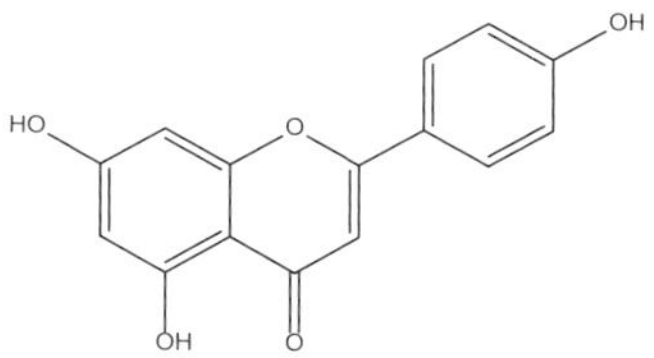　　　　　　　　ナリンゲニン

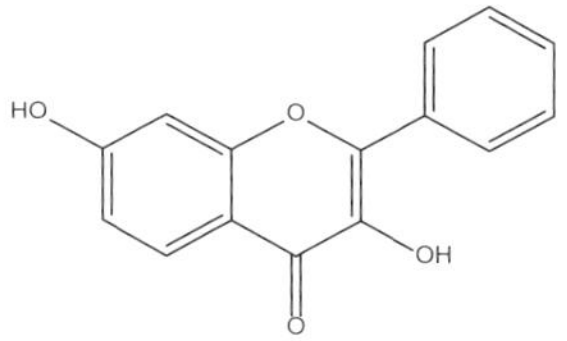

ダイゼイン 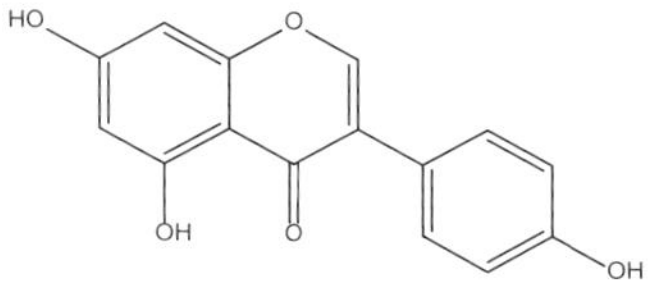　　　　　　　　ゲニステイン

図 7.2　根粒菌が感受するフラボノイド類

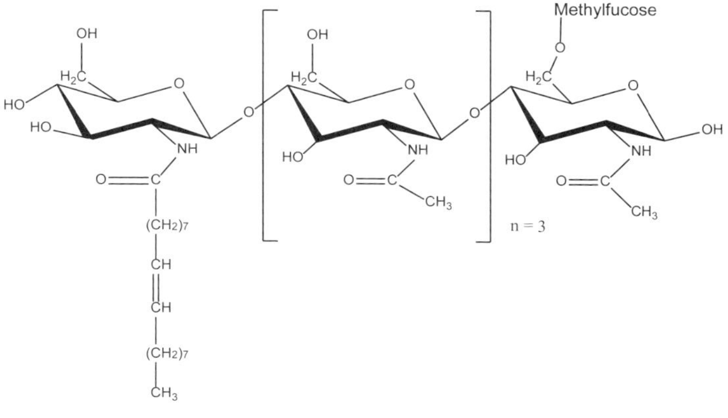

Nod ファクター

図 7.3　ダイズ根粒菌が産生する Nod ファクター

合成し分泌する．宿主植物はNodファクターを受容すると，ただちに根毛細胞の先端でCa^{2+}の一過的な流入が起こり，さらに5-30分後に核内でカルシウムスパイキングと呼ばれるCa^{2+}濃度の周期的な変動が起こる．Nodファクター受容後，根毛では細胞骨格の再編成が起こり，1時間以内に根毛先端が膨張する．その後，根毛先端は方向を変えて再伸長し，カーリングと呼ばれる3次元的な根毛の変形が起こる．カーリングにより根粒菌が包み込まれると，その場所から感染糸(infection thread)と呼ばれる管状構造が形成され，その内部で根粒菌が増殖する．感染糸は根毛細胞と皮層細胞を貫通しながら根の内部まで伸びていく．これと同時に，根の皮層細胞は分裂を始め，根粒原基（nodule primordium，図7.1 ①）が形成される．有限型根粒の場合は皮層の外層が分裂し，無限型根粒では内層が分裂する．根粒（図7.1 ②）が発達しはじめると中心柱から維管束細胞が分裂し，根粒中央の感染領域を取り囲むように維管束が形成される．感染糸が根粒原基に到達すると，根粒菌はその先端から放出され，宿主細胞内にエンドサイトーシス（endocytosis）によって取り込まれる．根粒菌は細胞膜由来のペリバクテロイド膜に包まれ，シンビオソーム（symbiosome）が形成される．シンビオソーム内の根粒菌は，核内倍化を伴って肥大化しバクテロイド（bacteroid，図7.1 ④）と呼ばれる状態に分化する．根粒内の感染領域には，バクテロイドを含む大型の感染細胞とバクテロイドを含まない小型の非感染細胞がモザイク状に配置している（図7.1 ③）．バクテロイドによって固定された窒素は非感染細胞に送られ，導管を介して地上部に運ばれる．

b. 根粒菌とマメ科植物の間のシグナル分子認識

根粒菌とマメ科植物の共生は，両者の間でのシグナル分子（図7.2，7.3）の認識によって開始する．マメ科植物の根からはフラボノイドが放出されており，根粒菌は宿主植物種に特異的なフラボノイドを受容し，Nodファクターを合成する．*E. meliloti* はアルファルファのルテオリンを認識し，*Rhizobium leguminosarum* symbiovar viciae はエンドウのナリンゲニン，*B. japonicum* はダイズのゲニステインやダイゼインを認識する．根粒菌のNodDタンパク質がフラボノイドを認識し活性化すると，*nod*遺伝子群のプロモーター配列である*nod*-boxに結合し，*nod*オペロンの転写を誘導する．*nod*遺伝子群はNodファクターの合成・分泌に関わるタンパク質とそれらの発現制御に関わるタンパク質をコードしている．Nodファクターは，キチンオリゴ糖に長鎖脂肪酸が結合した構造をとるリポキトオリゴ

糖であり，根粒菌の種類によってオリゴマー末端の側鎖の構造が異なる．Nod ファクターの基本骨格は，すべての根粒菌が持っている *nodA*, *nodB*, *nodC* 遺伝子産物により合成される．NodC はオリゴキチンを合成し，NodB と NodA は脂肪酸側鎖の付加に関わる．基本骨格ができた後，オリゴマー末端の側鎖が NodEFLHLQP タンパク質などによりアセチル化，メチル化，フコシル化，スルホン化などの修飾を受ける．合成された Nod ファクターは輸送体である NodIJ を介して菌体外に分泌され，宿主植物に受容される．

根粒菌は Nod ファクター以外にも菌体外多糖（exopolysaccharide：EPS）やリポ多糖（lipopolysaccharide：LPS），サイクリック β グルカンなどを分泌しており，これらの物質も宿主植物との相互作用に関与すると考えられている．また，根粒菌は III 型または IV 型分泌装置を有している．病原性細菌では，分泌装置を介して細菌のタンパク質（エフェクター）が植物細胞へ送り込まれ，このエフェクターが宿主のシグナル伝達経路などに作用して発病や抵抗性の誘導に関与する．根粒菌の分泌装置の作用は根粒菌と宿主の組合せによって異なるが，分泌装置で分泌されるエフェクターが共生関係に影響している可能性が指摘されている．

c．植物のシグナル伝達経路

根粒菌から放出された Nod ファクターが植物の細胞膜に局在する受容体で認識されると，植物細胞内ではシグナル伝達経路が活性化し，根粒共生に関わる遺伝子が発現する．このシグナル伝達経路に関わる遺伝子はミヤコグサやタルウマゴヤシの変異体解析から明らかになってきた．Nod ファクターは 2 種の LysM 型受容体型キナーゼ（ミヤコグサでは NFR1 と NFR5，タルウマゴヤシでは NFP と LYK3）で認識される．この下流では，共通共生経路（common symbiosis signaling pathway）と呼ばれる根粒共生と後述するアーバスキュラー菌根共生に関与するシグナル伝達経路が活性化する．共通共生経路の遺伝子産物には，カルシウムスパイキングの誘導に関与するもの（ミヤコグサ：SYMRK, CASTOR, POLLUX, NUP85, NUP133, NENA など；タルウマゴヤシ：DMI1, DMI2 など）と，カルシウムスパイキングにより活性化するもの（ミヤコグサ：CCaMK, CYCLOPS など；タルウマゴヤシ：DMI3, IPD3 など）がある．とくに，CCaMK（カルシウムカルモジュリン依存性プロテインキナーゼ）は，共通共生経路で中心的な役割を果たすタンパク質であり，カルシウムスパイキングによって活性化されて，

その下流で働くタンパク質をリン酸化する．リン酸化されるタンパク質のひとつが，転写因子の CYCLOPS/IPD3 である．このタンパク質はリン酸化されると，根粒形成のマスターレギュレーターである *NIN* 転写因子などの遺伝子発現が誘導される．

7.2.3　根粒内の窒素固定と代謝

窒素固定は，窒素分子を還元しアンモニアと水素を発生させる反応であり，次の化学式で表される．

$$N_2 + 16ATP + 8e^- + 8H^+ \longrightarrow 2NH_3 + H_2 + 16ADP + 16Pi$$

1分子の窒素の固定に16分子の ATP が消費され，この反応には多くのエネルギーが必要であることが分かる．共生窒素固定反応は根粒菌のニトロゲナーゼによって触媒される (図 7.4)．ニトロゲナーゼは，ニトロゲナーゼヘテロ四量体 ($\alpha_2\beta_2$ 構造) の MoFe タンパク質とニトロゲナーゼ還元酵素ホモ二量体 (γ_2 構造) の Fe タンパク質から構成されている．Fe タンパク質は，[4Fe-4S] クラスターを持っており，電子供与体であるフェレドキシンやフラボドキシンから電子を受け取り還元型となる．還元型の Fe タンパク質は2つの ATP と結合しており，ATP の加水分解とともに1つの電子を MoFe タンパク質に供給する．MoFe タンパク質には，FeMo コファクター ([7Fe-Mo-9S-ホモクエン酸-C] クラスター) と P クラスター ([8Fe-7S] クラスター) が配位しており，まず P クラスターが電子を受け取り，次に FeMo コファクターに電子が伝達され，ここで窒素分子がアンモ

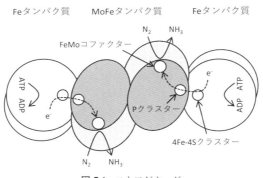

図 7.4　ニトロゲナーゼ

ニアに変換される．窒素固定反応やその制御に関わるタンパク質の多くは根粒菌の *nif*, *fix* 遺伝子群にコードされている．とくに，MoFeタンパク質のαサブユニットは *nifD* に，βサブユニットは *nifK* にコードされている．Feタンパク質のγサブユニットは *nifH* にコードされている．ニトロゲナーゼの構成成分である硫黄やホモクエン酸などは宿主植物から供給されている．ニトロゲナーゼは窒素分子（N≡N）だけでなく，分子内に三重結合を持つアセチレン（HC≡CH）や青酸（HC≡N）なども還元することができる．このことを応用し，窒素固定活性をアセチレン還元法（アセチレンの還元によって生成したエチレン（$H_2C=CH_2$）をガスクロマトグラフィーで定量）で推定することができる．

ニトロゲナーゼの活性は酸素ガスによって抑制されるため，根粒内部は低酸素状態に保たれている．また，窒素固定に関連する根粒菌の遺伝子群は低酸素で発現するように制御されている．一方で，窒素固定に使われるATPを合成するためには酸素が必要である．植物は，低酸素分圧下でも酸素を輸送することのできるレグヘモグロビンを大量に作る．レグヘモグロビンは酸素に対して高い親和性を持つため，根粒内部の低酸素条件でもニトロゲナーゼを失活させずに酸素をシンビオゾームまで輸送することができる．

バクテロイドによって固定されたアンモニアは，ペリバクテロイド膜からトランスポーターを介して排出され，植物に渡される．アンモニアは感染細胞内のGS/GOGAT経路（グルタミンシンテターゼ／グルタミン酸シンターゼ経路）で同化される．無限型根粒では，同化産物のグルタミンやアスパラギンが導管を通って地上部に輸送される．一方，有限型根粒では，感染細胞のアミロプラストでグルタミンとキサンチンから尿酸が合成される．尿酸は隣接する非感染細胞に送られ，そこでウレイド（アラントイン，アラントイン酸）に変換され，導管を経由して地上部に運ばれる．ダイズやインゲンでは，これらのウレイドは窒素固定に特有な化合物であるため，ウレイドの量から窒素固定活性を推定することができる．

窒素固定には多くのエネルギーが必要なため，植物の光合成産物の13-28％が根粒で消費される．地上部から送られてきたショ糖は，根粒の感染細胞内でスクロース合成酵素やインベルターゼによって単糖に変換される．単糖は解糖系でホスホエノールピルビン酸に変換された後，さらにホスホエノールピルビン酸カルボキシラーゼとリンゴ酸脱水素酵素の作用によりリンゴ酸に変換される．リンゴ酸は輸送体を介してバクテロイドに取り込まれ，TCA回路に入りATP生産に用

いられる．

7.2.4　根粒着生と窒素固定活性の制御

共生窒素固定には多くのエネルギーが必要なため，根粒が過剰に形成されると宿主は大量の炭素を消費してしまう．植物は，根粒の着生数が必要以上に増えないよう，根粒形成のオートレギュレーションという制御機構を持つ．根粒形成のオートレギュレーションは，根と地上部（シュート）を介した遠距離シグナル伝達系による全身的な制御システムである．宿主根では根粒菌の感染により根由来シグナル（CLE-RS1/CLE-RS2 ペプチドなど）が産生され，それが導管を通りシュートまで運ばれて HAR1 受容体によって認識される．今度はシュート由来根粒形成抑制物質（サイトカイニンなど）が産生されて篩管を経由して根まで運ばれ，そこで根粒形成の抑制が起こると考えられている．

土壌中に硝酸イオンが高濃度に蓄積する場合にも根粒共生が強く抑制される．高濃度の硝酸イオンは，根粒着生数だけでなく，根粒の肥大成長や窒素固定活性を抑制するとともに，根粒の老化や崩壊をひき起こす．この根粒共生の抑制は，硝酸イオンに直接接触している部位で起こる局所的阻害と，直接接触している部位とは離れたところで起こる全身的阻害に分けられる．硝酸イオンによる根粒形成の抑制の一部にオートレギュレーションが関与していることが指摘されている．

7.2.5　根粒菌の農業利用

根粒菌は純粋培養が可能であり，接種資材として用いられている．宿主の作付履歴がなく根粒菌が土壌中に存在しない場合や，共生窒素固定能力が低い根粒菌しかいない場合には，優良根粒菌による接種効果が期待される．接種法としては，鉱物質の微粒子粉末に培養菌を吸着させ圃場に散布する方法や，真空吸圧により種子内部に根粒菌を吸着させる方法，接着剤で石灰被膜加工し根粒菌を種子にコーティングさせる方法などがある．問題点としては，土着の微生物との競合が挙げられ，共生窒素固定能力が高い菌株であっても定着・共生できない場合がある．また，硝酸濃度の高い土壌では感染や窒素固定活性が阻害され根粒菌の能力が発揮できない．

7.3 菌根菌との共生

7.3.1 菌根共生の多様性

菌根（mycorrhiza）とは，菌類が共生している植物根のことである．菌根を形成する菌類は多様であり，それらを総称して菌根菌（mycorrhizal fungus）と呼ぶ．菌根は，形態の違いや植物と菌根菌の組合せから，表7.3に示す菌根タイプに分けられる．

アーバスキュラー菌根は，多くの植物種が形成する菌根タイプであり，アーバスキュラー菌根菌の菌糸が宿主植物の細胞内に侵入するという特徴がある．なお，植物細胞内に菌糸が侵入する菌根タイプを総称して内生菌根（endomycorrhiza）という．アーバスキュラー菌根の主要な機能にリン酸吸収の促進が挙げられる．

外生菌根は宿主植物であるマツ科やブナ科，カバノキ科などの木本類に形成される菌根タイプである．ベニタケ科やテングタケ科，イグチ科などの外生菌根菌の菌糸が細根の表面を取り囲み菌鞘（fungal sheath または fungal mantle）を形成するとともに，根の皮層細胞間にハルティッヒネット（Hartig net）と呼ばれる菌糸構造を形成する．内生菌根と対照的に，外生菌根では植物細胞内への菌糸侵入は見られない．外生菌根菌の多くが子実体（きのこ）を形成する．宿主植物は外生菌根を形成することで窒素栄養やリン栄養が改善され，それに伴い生育が増大する．

内外生菌根はマツ属とカラマツ属の実生に見られ，薄い菌鞘とハルティッヒネットから成る外生菌根様の構造を持つ．さらに，皮層細胞内にはコイル状の菌糸が侵入し内生菌根の特徴も示す．

エリコイド菌根は，ツツジ科やEpacridaceae科の植物とエリコイド菌根菌の共

表7.3　菌根タイプ

菌根タイプ	宿主植物	菌根菌
アーバスキュラー菌根	広範な植物種	Glomeromycotina
外生菌根	おもに木本植物	担子菌，子嚢菌，接合菌
内外生菌根	マツ属，カラマツ属	子嚢菌
エリコイド菌根	ツツジ目	子嚢菌
モノトロポイド菌根	シャクジョウソウ科	担子菌
アーブトイド菌根	マドロナ属，クマコケモモ属，イチヤクソウ属	担子菌
ラン菌根	ラン科	担子菌

生体である．ツツジ目の植物は hair root と呼ばれる特殊化した側根を持つ．エリコイド菌根菌は肥大化した表皮細胞に侵入し菌糸コイルを形成する．エリコイド菌根菌は有機物を分解する能力を有しており，有機物から解放された無機態窒素やリン酸を吸収し植物に供給する働きがある．

モノトロポイド菌根はギンリョウソウなどのシャクジョウソウ科の無葉緑植物が形成する．外生菌根と同様に菌鞘とハルティッヒネットを形成するが，ペグと呼ばれる一本の菌糸を植物細胞内に侵入させる特徴がある．モノトロポイド菌根の植物は菌類従属栄養であり，炭素を含めてほとんどの栄養を菌根菌から受け取る．

アーブトイド菌根の形態的特徴も外生菌根様の構造の形成と細胞内への菌糸侵入であるが，アーブトイド菌根の細胞内菌糸はコイル状に発達する．

ラン菌根では，ラン科植物の無胚乳種子に菌根菌が感染したプロトコームが形成される．細胞内の菌糸コイルは最終的に分解消化されて植物に吸収される．種子が発芽し葉を展開させるまでの期間，植物は菌から炭素源を得る．

ここまで様々な菌根タイプの特徴を見てきたが，以下の項では菌根形成や共生機能の分子メカニズムが比較的明らかになっているアーバスキュラー菌根についてさらに詳しく述べる．

7.3.2 アーバスキュラー菌根の構造と機能

アーバスキュラー菌根の外部形態は通常の根とほとんど変わらないが，菌根をトリパンブルーなどで染色し顕微鏡観察すると，根内にアーバスキュラー菌根菌の菌糸を見ることができる(図 7.5)．宿主植物の根の皮層細胞内には樹枝状体(アーバスキュル，arbuscule) と呼ばれる高次に分枝した菌糸構造が形成されており，これがアーバスキュラー菌根の名前の由来となっている．樹枝状体は宿主植物と菌根菌の間の養分交換の場と考えられている．根内には樹枝状体の他に根の長軸方向に伸長する内生菌糸（intraradical hypha）や貯蔵体と考えられている嚢状体（vesicle）が発達する．また，土壌中には外生菌糸（extraradical hypha）から成る菌糸ネットワークが広がり，さらにそこに繁殖体である胞子（spore）ができる．

アーバスキュラー菌根菌は宿主植物から供給される炭素源（糖，脂質）を獲得し，それを成長や増殖に利用している．一方，植物は，土壌中のリンや窒素，硫

7.3 菌根菌との共生

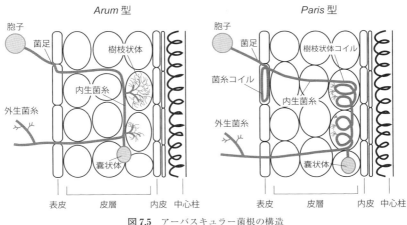

図 7.5　アーバスキュラー菌根の構造

黄，銅，亜鉛などを菌根菌の菌糸を介して吸収し，生育や栄養が改善する．その他にも水ストレス耐性の増大や病害耐性の増大，土壌構造の安定化などが知られている．化石の記録から，アーバスキュラー菌根共生の起源は4億年以上前の初期の陸上植物にまで遡れることが指摘されており，現在では植物種の7割以上がアーバスキュラー菌根を形成する．菌根性植物（菌根を形成する植物）は被子植物，裸子植物，シダ植物，苔類，ツノゴケ類の広範な分類群にわたるが，アブラナ科やナデシコ目（アカザ科，ナデシコ科，タデ科など），カヤツリグサ科，マメ科のルピナス属，蘚類の植物などはアーバスキュラー菌根を形成しない．

共生者であるアーバスキュラー菌根菌は，分類学的には Glomeromycotina 亜門（4目10科15属）の菌類であり，現在までに300種類以上の菌種が同定されている．有性世代を持つ菌種は見つかっておらず，この菌類の分類は無性胞子の形態に基づいている．Glomeromycotina 菌類の宿主範囲は広く，様々な植物種と共生することができるが，宿主と菌種の組合せによって感染の程度や生育に対する効果が異なる．Glomeromycotina 菌類は絶対共生菌であり，単独での培養は今のところ不可能であるため，菌の増殖には宿主植物との共生が必須である．

7.3.3 アーバスキュラー菌根の形成
a. アーバスキュラー菌根の形成過程

　アーバスキュラー菌根菌の胞子は土壌中で発芽し発芽管（germ tube）を伸ばす．発芽管が根の表面に到達すると菌足（hyphopodium）を形成し，そこから根の表皮細胞に侵入する．このとき，表皮細胞内には菌糸の通り道となるトンネル様の構造が植物によって作られる．そのため菌糸は表皮細胞を貫通するものの，細胞質には侵入しない．菌糸が根の皮層に達すると，根の長軸方向に沿って伸長する．菌糸の伸長様式は菌種や宿主によって異なり，皮層細胞間を伸長する Arum 型と皮層細胞を次々と貫通していく Paris 型に分けられる（図 7.5 参照）．皮層細胞内には高度に分岐した菌糸構造が発達し，Arum 型では樹枝状体，Paris 型では樹枝状体コイルが形成される．樹枝状体は，太いトランク菌糸の先端に高度に分岐した細い菌糸が生じる構造である．樹枝状体コイルでは，コイル状の太い菌糸から細かく枝分かれした菌糸が発生する．どちらの菌糸構造も中心柱に近い皮層細胞の内部に形成される．樹枝状体や樹枝状体コイルは皮層細胞の細胞壁を貫通するが，原形質膜を貫通することはなく，菌糸は宿主植物に由来するペリアーバスキュラー膜（periarbuscular membrane）によって包まれた状態にある．菌糸とペリアーバスキュラー膜の間の領域はアポプラスト（apoplast）に相当し，ペリアーバスキュラースペース（periarbuscular space）と呼ばれている．樹枝状体の寿命は数日と非常に短い．根内では樹枝状体の形成から遅れて嚢状体が形成される．アーバスキュラー菌根菌の多くは根内に嚢状体を形成し脂質などを貯蔵するが，Gigaporaceae 科の菌にはこの構造が見られない．一方で，Gigaporaceae 科は外生菌糸上に助細胞（auxiliary cell）を形成する．外生菌糸は，太く直線状に伸びた菌糸と短く分岐した菌糸から成り，根から比較的近いところでネットワーク状に広がる．胞子は，外生菌糸先端の膨張によって生じる．アーバスキュラー菌根菌の胞子は，他の菌類の胞子に比べて大型（直径約 50-600 μm）であり，層状の厚い細胞壁を有するのが特徴である．

b. アーバスキュラー菌根形成の分子メカニズム

　アーバスキュラー菌根菌は，植物から分泌されるストリゴラクトン（図 7.6）を受容すると，菌糸内の代謝が活性化するとともに菌糸が分岐する．アーバスキュラー菌根菌は共生シグナルである Myc ファクターを分泌すると考えられており，そのひとつとして Myc-リポキトオリゴ糖（図 7.6）が同定されている．Myc-リ

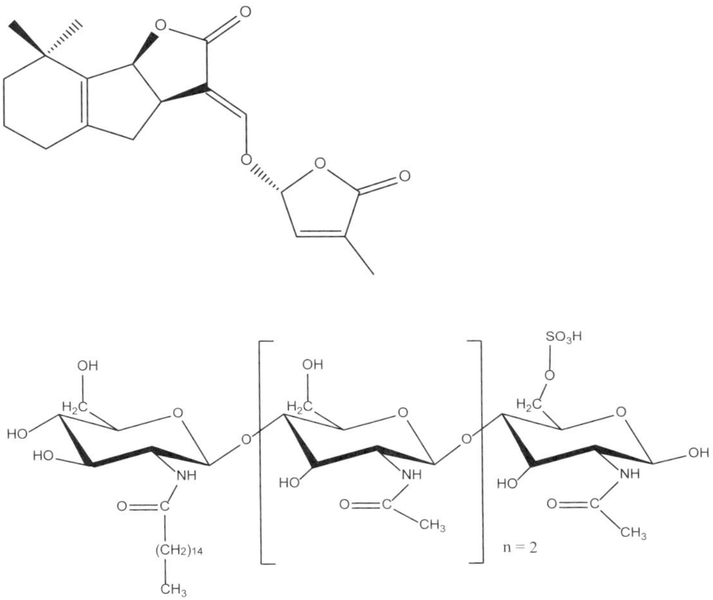

図7.6 ストリゴラクトンのひとつである5-デオキシストリゴール（上）と菌根共生のシグナル分子である Myc-リポキトオリゴ糖の一種（下）

ポキトオリゴ糖は Nod ファクターと類似した構造をしており，植物の LysM 型受容体キナーゼで受容されると考えられているが，まだよくは分かっていない．菌根形成には，7.2.2 項 c で述べた共通共生経路が関与している．アーバスキュラー菌根の起源は根粒共生の起源よりも古いため，菌根共生のシグナル伝達経路が根粒共生で流用されたと考えられている．共通共生経路の下流で働く NSP1 および NSP2 転写因子は根粒共生で特異的に機能すると考えられていたが，菌根共生にも関与することが分かってきた．共通共生経路の下流では多くの遺伝子の発現が誘導され，その中でもとくに GRAS タンパク質をコードする *RAM1* 転写因子は菌根形成において主要な役割を果たしている．

土壌中に高濃度のリン酸が蓄積すると，菌根形成は抑制される．とくに，樹枝状体の新規形成が強く抑制されるが，その分子メカニズムは分かっていない．

7.3.4 アーバスキュラー菌根の代謝と養分輸送
a. リン酸輸送

リン酸は土壌中での拡散速度が遅いため，根の周辺にはリン酸の欠乏帯（depletion zone）が形成される．アーバスキュラー菌根菌はリン酸欠乏帯の外側に外生菌糸を伸ばすことができるため，より多くのリン酸を吸収することが可能となる．外生菌糸で吸収されたリン酸は内生菌糸まで運ばれ，樹枝状体を介して植物に供給される（図7.7）．このように菌根菌を介して輸送される経路を菌根経路という．これに対して植物自身が根から土壌養分を吸収する経路を直接経路という．

アーバスキュラー菌根菌が吸収できるリンは無機リン酸（オルトリン酸，Pi）であり，細胞膜に局在するリン酸トランスポーターを介して取り込まれる．外生菌糸からは酸性ホスファターゼが分泌されており，有機態リン酸から遊離される無機リン酸も吸収される．菌糸内に取り込まれたリン酸は速やかにポリリン酸に変換される．ポリリン酸は vacuolar transporter chaperone 複合体（VTC）によって合成される．VTC の機能は出芽酵母で詳しく調べられており，酵母 VTC は液胞膜に局在し，細胞質の ATP を基質としてポリリン酸を合成し液胞に送り込む．アーバスキュラー菌根菌のポリリン酸も液胞に蓄積している．アーバスキュラー菌根菌の菌糸は隔壁（septum）を欠き1本の管のようになっており，この菌糸内に管状構造の液胞が束状になって存在する．管状液胞に蓄積したポリリン酸は速やかに外生菌糸から内生菌糸へ運ばれる．内生菌糸ではポリリン酸は加水分解され，鎖長が短くなっている．菌体外へのリン酸放出の場は樹枝状体と考えられているが，そのメカニズムについてはほとんど分かっていない．

アーバスキュラー菌根菌からペリアーバスキュラースペースに放出されたリン酸は，ペリアーバスキュラー膜に局在する植物のリン酸トランスポーターによっ

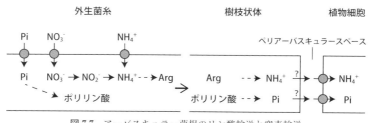

図7.7　アーバスキュラー菌根のリン酸輸送と窒素輸送
Pi：リン酸，Arg：アルギニン．

て宿主細胞内に取り込まれる．ペリアーバスキュラー膜には植物の H^+-ATPase（プロトンポンプ）も局在しており，植物細胞からプロトン（H^+）が能動的に放出されることでペリアーバスキュラースペースが酸性に保たれている．リン酸トランスポーターはリン酸とプロトンとの共輸送体（シンポーター）であり，ペリアーバスキュラー膜を挟んでペリアーバスキュラースペースと植物細胞質との間に生じる電気化学ポテンシャル差を利用して細胞内にリン酸が取り込まれる．リン酸はさらに導管に運ばれ地上部などで利用される．

b. 窒素輸送

アーバスキュラー菌根菌はリン酸だけでなく窒素も植物に供給する（図7.7）．菌根菌は NH_4^+ や NO_3^-，アミノ酸を取り込むことができる．取り込まれた NO_3^- は，硝酸還元酵素で NH_4^+ に還元され，直接吸収された NH_4^+ とともに GS/GOGAT 経路を介して各種アミノ酸に変換される．菌糸内の窒素のおもな輸送形態はアルギニン（arginine：Arg）である．アルギニンは，グルタミンを出発材料としてカルバモイルリン酸シンターゼとアルギニノコハク酸シンターゼ，アルギニノコハク酸リアーゼにより合成される．内生菌糸まで運ばれたアルギニンは，尿素回路（urea cycle）のアルギナーゼとウレアーゼの働きによって NH_4^+ と CO_2 に分解される．NH_4^+ の一部は菌体からアポプラストに放出されると考えられている．ペリアーバスキュラー膜には植物のアンモニウムトランスポーターが局在しており，これが植物細胞内への NH_4^+ の取り込みに関与している．

c. 炭素代謝

アーバスキュラー菌根菌の細胞を構成する炭素やエネルギー生産に利用する炭素は，宿主植物の光合成産物に由来する．根に送られてきたショ糖は植物のスクロース合成酵素やインベルターゼによって単糖に変換される．菌根菌はグルコースなどのヘキソース（六炭糖）を樹枝状体または内生菌糸で取り込む．ヘキソースの吸収には菌根菌のモノサッカライドトランスポーターが関与する．菌糸内に取り込まれたヘキソースは，トレハロースやグリコーゲンなどに変換され，一時的に貯蔵される．また，菌糸内には中性脂肪（トリアシルグリセロール）を含む脂肪体（lipid body）が多く観察される．アーバスキュラー菌根菌のゲノムには脂肪酸合成酵素遺伝子がないことから，アーバスキュラー菌根菌は自ら脂肪酸を合成することができず，宿主が合成する脂質を取り込んで利用している．内生菌糸の脂質やグリコーゲンは外生菌糸に運ばれる．外生菌糸では，解糖系がほとんど

働いていないが，脂肪酸の分解過程である β-酸化（β-oxidation）は活性化している．β-酸化によって脂肪酸からアセチル CoA と $FADH_2$，NADH が生成する．それらは TCA 回路や電子伝達系に送られエネルギー産生に利用される．また，外生菌糸ではグリオキシル酸回路（glyoxylate cycle）や糖新生（gluconeogenesis）も働いており，β-酸化で生成されたアセチル CoA はグリオキシル酸回路に入りオキサロ酢酸を生じ，そこから糖新生を介してヘキソースに変換される．グリコーゲンも加リン酸分解を受けてヘキソースに変換される．ヘキソースは細胞壁などの細胞成分の合成に利用される．

7.3.5 アーバスキュラー菌根菌の農業利用

アーバスキュラー菌根菌の微生物資材は政令指定土壌改良資材として登録されており，担体に胞子を混ぜ込んだ形態で販売されているのが多い．アーバスキュラー菌根菌の純粋培養は困難であることから，植物に共生させることで胞子を増殖している．土壌中に菌根菌がほとんどいない場合や能力の高い土着菌がいない場合などに接種効果が期待される．菌根菌接種の問題点としては，土着菌との競合が挙げられ，能力の高い菌株であっても作物の根に定着できない可能性がある．また，可給態リン酸濃度の高い土壌では感染阻害が生じ，菌根の能力が発揮できない可能性がある．土壌中にはもともと多種多様なアーバスキュラー菌根菌が存在し，それら土着菌を活用する方法もある．その例として輪作体系での活用がある．前作で菌根性植物（ヒマワリ，トウモロコシ，ダイズ，バレイショなど）を栽培すると，非菌根性植物（ソバ，テンサイ，キャベツなど）を栽培するのと比べて圃場の菌根菌密度が上昇する．そのため，後作で菌根性植物を栽培する場合に，菌根効果によってリン酸質肥料を削減できる可能性がある． 齋藤勝晴

8

土壌酵素と土壌の質

　土壌中の物質循環には，粘土鉱物や酸化物の溶解・沈殿反応や触媒作用といった化学的反応と，固相表面での吸着・脱着などの物理化学的反応，酵素が担う生化学的反応が関わっている．この中でも生化学的反応は，植物リターの分解など，とりわけ重要な役割を果たしている．

8.1　土壌酵素の働き

　酵素による生化学的反応は，土壌微生物の細胞内だけでなく細胞外でも起こる．たとえば植物リターを分解する場合，微生物は約 500 Da 以上の化合物は直接細胞内に取り込むことができないため，細胞外に酵素を分泌し，より低分子の化合物に変換している．狭義には，酵素を生産した細胞から離れて存在・機能する細胞外酵素（本章では，細胞表面やペリプラズム空間に位置する酵素，すなわちエクトエンザイムは，細胞外酵素に含めない）を土壌酵素というが，広義には，細胞外酵素に加え細胞内あるいは細胞表面に存在する酵素も含める．現在まで土壌中の細胞外酵素と細胞内酵素の活性を区別して測定する方法は存在しないため，実際には両者に由来する活性を土壌酵素活性として測定している．

　細胞外酵素の大部分は微生物由来である．微生物が細胞外に分泌する酵素は，細胞内で機能する酵素と比較して，より安定的で分解されにくく，機能する pH 幅も広いといった特徴を持つ（Burns *et al.*, 2013）．これらの性質は，土壌中で機能するのに適している．しかしながら，細胞外に分泌した酵素が拡散により基質に到達する前に，その多くは分解されてしまうと考えられている．これは，取り込んだ炭素・窒素の 1-5 % を細胞外酵素生産に投資している微生物にとっては大きなデメリットである．さらに，細胞外酵素が基質に到達した場合でも，生成した分解産物がその酵素を生産した微生物に利用されるためには，分解産物が拡散

により微生物まで到達する必要がある．細胞外酵素の生産・分泌への投資に対する効果を最大化するため，微生物は酵素生産を環境に応じて調節している（Sinsabaugh and Follstad Shah, 2012）．たとえばリンが不足し，かつ周囲に分解可能な有機態リンが存在している場合にはホスファターゼを大量に生産・分泌し有機態リンを無機化させる（第6章参照）が，環境中にリン酸態リンが豊富に存在する場合にはホスファターゼ生産を低下させる．

 8.2 土壌酵素の種類

土壌酵素には，理論的には土壌に生息する生物が持つ酵素のすべてが含まれており，その種数は膨大な数に上る．落葉や微生物遺体の分解には50種以上の細胞外酵素が関与しているとされており，その代表例を表8.1に記した．

8.2.1 セルロース分解に関わる酵素

地球上でもっとも豊富に存在する炭水化物であるセルロースは，β-1,4-グリコシド結合により，2000–5000個のグルコースが直鎖状に重合した高分子多糖である．セルロースを分解する酵素をセルラーゼと総称するが，セルラーゼには多種

表8.1　代表的な土壌酵素

酵素名	機能
加水分解酵素	
セロビオヒドロラーゼ（エキソセルラーゼ）	セルロースからセロビオースを遊離させる
エンドグルカナーゼ（エンドセルラーゼ）	セルロースを小さな断片にする
β-グルコシダーゼ	セロビオースを分解してグルコースを生成する
エキソペプチダーゼ	
（アミノペプチダーゼ，カルボキシペプチダーゼ）	タンパク質からアミノ酸を遊離させる
エンドペプチダーゼ	タンパク質をポリペプチドにする
キシラナーゼ	ヘミセルロースを分解する
キチナーゼ	キチンを分解する
ホスホモノエステラーゼ	
（酸性ホスファターゼ，アルカリホスファターゼ）	リン酸モノエステルを分解する
ホスホジエステラーゼ	リン酸ジエステルを分解する
酸化酵素	
フェノールオキシダーゼ	フェノール類を分解する
ペルオキシダーゼ	リグニンを分解する

類の酵素が含まれている．セルロースには結晶領域と非結晶領域があり，おもに3つの酵素が協同して分解している（図8.1）．セルロースの結晶領域を分解するのがセロビオヒドロラーゼ（エキソセルラーゼ）である．セロビオヒドロラーゼは2種類あり，セロビオヒドロラーゼⅠはセルロースの還元末端から，セロビオヒドロラーゼⅡは非還元末端から，セルロース鎖を引きはがしながらセロビオースを切り出す．またエンドグルカナーゼ（エンドセルラーゼ）は，セルロース内部の非結晶領域をランダムな位置で切断し，可溶性の糖を切り出すとともに，新たな還元末端と非還元末端を生じさせる．最後にβ-グルコシダーゼがセロビオースを分解してグルコースを生成する．なおエンドグルカナーゼとβ-グルコシダーゼにも，セロビオヒドロラーゼと同様に，複数種の酵素が含まれている．

　嫌気性の細菌と糸状菌では，細胞表面に，多数のセルラーゼを含む高分子複合体，セルロソームを持つものもいる．

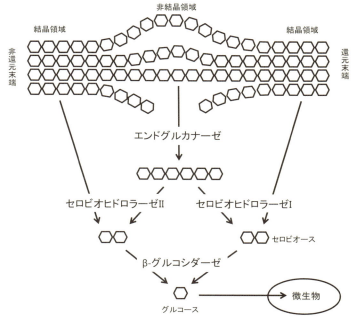

図8.1　セルラーゼによるセルロース分解

8.2.2 タンパク質分解と窒素代謝に関わる酵素

タンパク質は，プロテアーゼと総称される酵素によって分解される（図8.2）．エキソペプチダーゼとエンドペプチダーゼに大別される酵素が協同してタンパク質を分解する．タンパク質の末端からアミノ酸を切り離すのがエキソペプチダーゼである．N末端側からアミノ酸を1つ切り離すのがアミノペプチダーゼ，C末端側からアミノ酸を1つ切り離すのがカルボキシペプチダーゼである．なお近年報告例が増加しているロイシンアミノペプチダーゼはアミノペプチダーゼの一種であり，N末端からプロリン以外のアミノ酸を遊離させることができる．

またペプチド鎖を内部から切断するのがエンドペプチダーゼである．エンドペプチダーゼは活性中心のアミノ酸の種類により，セリンプロテアーゼ，システインプロテアーゼ，アスパラギン酸プロテアーゼ，メタロプロテアーゼに分けられる．タンパク質が分解され，アミノ酸残基数が5つ以下になったペプチドは，細胞内に取り込むことができる．

肥料としてよく用いられる尿素は，土壌中でウレアーゼにより二酸化炭素とアンモニアに分解される．このため，農地ではウレアーゼ活性が古くから測定され

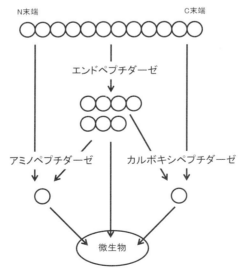

図8.2 プロテアーゼによるタンパク質分解
○はアミノ酸を示す．

てきた．また尿素は，プリン塩基やアルギニンの代謝によっても生じ，環境中で微生物の窒素源となっているため，農地以外の生態系においてもウレアーゼは重要な役割を果たしている．

8.2.3 リグニン分解に関わる酵素

植物細胞壁の成分であるリグニンは，構造が複雑で不均一な難分解性の高分子化合物であり，分子量は 10,000～1,000,000 以上である．リグニン分解はおもに菌類，中でも担子菌が担うとされてきたが，近年では細菌も分解に寄与していることが明らかになってきた．リグニン分解は，酸化酵素であるポリフェノールオキシダーゼとペルオキシダーゼによる．これら酸化酵素は似通った結合を持つ幅広い基質を分解できるが，その反応は遅いことが知られている．ポリフェノールオキシダーゼには，ラッカーゼ，カテコールオキシダーゼ，チロシナーゼなどが含まれる．ペルオキシダーゼには，リグニンペルオキシダーゼ，マンガンペルオキシダーゼなどが含まれる．これら酵素の基質特異性は低いため，土壌中で各酵素活性を厳密に区別して測定することは困難である．

リグニン分解自体は微生物にとってコスト的に見合わず，炭素源・エネルギー源として分解しているのではない．このため微生物は，リグニンに覆われているセルロースや窒素を得るために，リグニンを分解していると考えられている．

8.3 土壌酵素の吸着・安定化機構とその生態学的意義

細胞外酵素には，微生物が分泌した酵素以外に，死細胞から放出されたもので，本来は細胞内で機能する酵素も含まれている．土壌溶液中に存在する遊離態の酵素はごく一部であり，過半は速やかに分解され，残りは土壌粒子に吸着される（図8.3）．土壌粒子，とりわけ腐植物質に吸着した酵素は分解・変性しにくく長期間残存するため，細胞外酵素の大部分は土壌粒子に吸着した状態で存在している．このため土壌中では，酵素活性は粒子サイズの小さい粘土画分やシルト画分で高値を示す（図8.4）．また微生物は植物遺体を活発に分解しているため，植物遺体画分はきわめて高い酵素活性を示す．

土壌粒子に吸着した酵素は，活性が低くなる場合が多い．これは吸着により酵素の構造が変化したり，活性部位に基質が接近しにくくなることに起因する．ま

第 8 章　土壌酵素と土壌の質

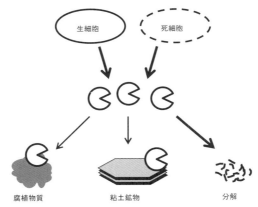

図 8.3　土壌中での細胞外酵素の存在状態

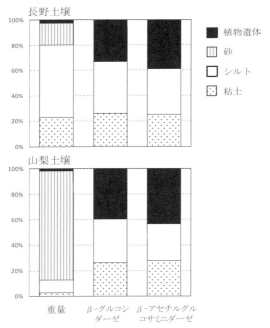

図 8.4　土壌中の各粒径画分における，セルロースとキチン分解に関わる酵素，β-グルコシダーゼと β-アセチルグルコサミニダーゼ活性の分布

金沢・高井（1980）より作成．

た至適 pH は若干上昇することが知られている.

　微生物は周辺環境中で利用できる基質の存在を感知するため,基質がないときでも少量の細胞外酵素をつねに分泌している.そして細胞近傍に基質があり分解産物が感知できた場合にのみ,酵素を大量に生産・分泌する.この際,土壌粒子に吸着した細胞外酵素は,基質の流入があった場合に微生物に基質の存在を感知させることで迅速な基質利用を可能にするとともに,基質を感知するためにつねに生産・分泌する必要のある酵素生産の低減化にも役立つと推測されている.

國頭　恭

8.4　農耕地の土壌酵素活性の変動要因

　農耕地土壌は耕起によって好気的な条件となるため,そこに含まれる有機物は分解されやすい.さらに,収穫物が圃場外に持ち出されることもあり,農耕地土壌では表層の有機物が少なくなる.このため,林地などに比べ,表層の土壌酵素活性も低いことが多い.農耕地では,耕起の他,灌水や施肥,農薬散布などの土壌管理が行われ,それらも土壌酵素活性に影響する.また,季節変動に伴う温度や土壌水分の変化,地球温暖化や気候変動なども,土壌酵素活性に変化をもたらす.

8.4.1　耕　起

　不耕起栽培や省耕起栽培は,慣行の耕起栽培に比べ,土壌酵素の活性を高める.また,毎年耕起される畑土壌に比べ,耕起回数の少ない草地土壌では,一般に土壌酵素活性が高い.ただし,酵素の種類によっては,耕起すると活性が高まるものもある(Mina $et\ al.$, 2008).

8.4.2　水管理

　畑条件で灌水の頻度を変えて土壌水分に差をつけると(-10, -16, -25, -40, -63 kPa),ホスファターゼやカタラーゼは,灌水が多いほど活性が高くなるのに対し,ウレアーゼは,灌水により活性が低下する(Zhang and Wang, 2006).このように,土壌水分が活性に与える影響は,土壌酵素の種類によって異なる.

　一方,水田は,田植えに先立ち,湛水される.これにより,糸状菌,放線菌,

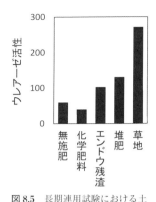

図 8.5 長期連用試験における土壌管理が土壌のウレアーゼ活性に及ぼす影響
草地 (イネ科草地) 以外には、冬コムギを栽培し、ワラをすき込み、ウレアーゼ活性の単位は、$\mu g\ NH_4^+\ g^{-1}\ soil\ hr^{-1}$. Bandick and Dick (1999) より作図.

好気性細菌などの活動が衰えるため，水田では，湛水後に土壌酵素活性が低下する．落水後には，土壌酵素活性は再び上昇する．

8.4.3 施　肥

農耕地では，作物の生産性を維持するために，化学肥料の他，堆肥をはじめとする有機質資材などが施用される．このうち，堆肥や収穫残渣，緑肥などの有機物を施用すると，土壌の酵素活性は高まる（図 8.5）．この効果は，施用する有機物の種類や調べる酵素の種類によって現れ方が異なり，たとえば，炭素循環に関与する酵素の活性が，施肥で窒素の有効性が上がると高まる一方で，窒素循環の酵素活性は，炭素の有効性が上がると高まる（Bowles *et al.*, 2014）．これは，窒素を得やすい条件では，酵素を生産する微生物が炭素の獲得への投資にシフトし，炭素が簡単に得られる条件では，窒素獲得への投資にシフトすることを意味している．

有機物施用の影響に比べると，化学肥料の施用が土壌酵素活性に与える影響は小さい．ただ，化学肥料を繰り返し施用した場合には，土壌酵素活性が低下する事例も見られる（Dick, 1992）．

8.4.4 農　薬

農薬を使用すると，土壌微生物の一部の生育が阻害される．農薬が土壌酵素に直接影響しなくても，この生育阻害により酵素の供給が減るため，徐々に土壌酵素活性が低下する可能性がある．太陽熱処理など農薬に頼らない雑草や病害虫の防除技術によって，活性が一時的に低下する土壌酵素も多い．

8.4.5 金　属

鉱工業に由来するものの他，農薬や汚泥コンポストに含まれる重金属が，農耕地土壌に混入する可能性がある．元素の種類によって影響の程度は異なるが，重

金属は，土壌酵素活性を低下させる例が数多く示されている．

8.4.6 輪　作
同一圃場で同じ作物を続けて栽培する連作は，土壌微生物の活性を低下させる．このため，連作に比べて，複数の作物を組み合わせて輪作する方が，様々な土壌酵素の活性が高い．

8.4.7 季節変動
畑や草地では，土壌酵素の活性は，通常，春から夏にかけて，気温の上昇とともに高まり，秋以降，気温の低下とともに低くなる．このように，畑や草地における土壌酵素活性の季節変動は，土壌の温度と深い関係にある．一方，気温の高い時期に湛水される水田では，8.4.2 項に示したように，土壌が還元状態となる夏期には，土壌酵素活性が低くなる．

8.4.8 地球温暖化・気候変動
加温や降雨処理が土壌酵素活性に及ぼす影響を調べた圃場試験では，設定した条件によって加温処理などの影響の現れ方が異なっていたものの，地球温暖化・気候変動は土壌酵素活性に影響を与える可能性が高い．

8.5　土壌の質と土壌酵素

　土壌管理を持続的に行うための新しい考え方として，土壌の質（soil quality）が定義された．米国農務省では，土壌の質は，「生産性を維持し，環境を保全し，植物や動物・人間の健康を高めるために，生態系の中で発揮される土壌の能力」とされる（Doran and Parkin, 1994）．EU では，農業環境指標の 1 つとして土壌の質が定義されており，「バイオマス生産の容量，最適な生産力を得るために必要な投入量，気候変動への反応，炭素貯留・濾過・緩衝能」を数値化して表される．わが国でも，作物の収量・品質の安定化や施肥コストの低減を目的に，理化学性を中心とした土壌診断が行われているものの，米国などでは，この新しい概念である土壌の質を評価するため，土壌の物理性，化学性の他，生物性に関係する様々な指標が提案されている．

表 8.2　農耕地で土壌の質を評価するために提案された指標

	指標
物理性	孔隙率，容積重，耐水性団粒，貫入抵抗，飽和透水係数，有効水分
化学性	pH，EC，硝酸態窒素，アンモニア態窒素，全炭素・窒素・リン酸・カリウム，可給態窒素・リン酸・カリウム，CEC，有機態炭素
生物性	微生物バイオマス，土壌呼吸，生菌数，リン脂質脂肪酸，菌根菌感染率，デヒドロゲナーゼ活性，アミラーゼ活性，β-グルコシダーゼ活性，インベルターゼ活性，プロテアーゼ活性，ウレアーゼ活性，ホスファターゼ活性，アリルスルファターゼ活性

Bastida *et al.* (2008) より作表．

8.5.1　土壌の質の指標

公的機関が作成している指標と研究機関から提案されている指標には，以下の例が挙げられる．まず，土壌の質を評価するための指標のうち，土壌の物理性に関わるものは，土壌構造，保水力や排水性などに関係するもので，孔隙率，飽和透水係数などが指標として提案されている．化学性の指標は，養分の保持力や作物への供給力，土壌の緩衝能，重金属などの有害物質の有無に関するもので，pH，EC，可給態養分，CEC などが指標候補である．生物性の指標は，有機物の分解や養分の循環，病害虫の抑止力などに関係があり，微生物バイオマスや土壌呼吸，土壌酵素活性などがその候補として提案されている（表 8.2）．

8.5.2　指標候補としての土壌酵素

土壌酵素は，有機物の分解や養分の循環に重要な役割を果たす．また，前節で示したように，土壌管理に応じて活性が変化する．さらに，土壌の質を評価するための他の指標に比べ，土壌管理などに対する反応が速く，その変化が数か月から 1 年以内に起こる．このため，土壌酵素活性は，圃場管理の効果をより早く知るために有利な指標になると考えられている．ただし，汎用性の高い指標とするには，問題もある．たとえば，一般に，管理が良い砂質の土壌より，管理の悪い粘土質の土壌で酵素活性は高い．こうした矛盾については，有機態炭素当たり，あるいは，粘土当たりの活性を指標として両者を比較する試みもある（Dick, 1994）．

土壌酵素活性を作物の生産性を表す指標候補として検討した研究では，特定の土壌条件に限れば，活性が収量と深い関係にある土壌酵素があるものの，ホスフ

ァターゼなどの一部の例を除き，多くの土壌酵素は，その活性だけでは生産性を説明できない．これは，作物の生産が，土壌の生物性に必ずしも大きな変化をもたらさない施肥などの要因に影響されることに起因している．施肥などの要因が異なる広範な条件で，生産性との関係を議論するには，物理性，化学性の指標と組み合わせた評価が必要となる．

重金属汚染土壌では，汚染の程度が大きくなるに従って，土壌酵素活性が阻害される．このため，土壌酵素活性は，重金属などの汚染の指標になる可能性も示されている．

8.5.3 土壌酵素活性の改善方法

土壌酵素活性が低くなると，有機物の分解や養分の循環が遅延する可能性がある．土壌酵素活性を高めることにより，土壌の質を良くしようとする場合，有機物の施用，輪作，カバークロップの導入などが有効である．　　　　　**唐澤敏彦**

9 分子生物学と土壌生化学

9.1 分子生物学的手法の土壌生化学研究への導入の歴史

　土壌においては，作物生産・環境保全・物質循環に関わる様々な生化学反応が土壌に生息する微生物によって行われている．土壌の生化学反応に関わる土壌微生物の群集構造や群集としての機能，生態，他の生物との相互作用などを解明することは，食糧生産性の向上や地域・地球環境問題の解決，生態系の保全のために重要である．

　これらを解明するために従来用いられてきた研究手法は大きく2つに分けられる．1つは「土壌微生物を実験室で分離・培養して，その分類学的，生理的，遺伝的性質などを調べる」ものである．この，分離・培養に依存する手法により膨大な種類の，様々な機能を有する土壌微生物が得られ，その性質や機能，土壌中での菌数が明らかにされて，応用・利用がなされてきた．もう1つは「土壌微生物の分離・培養は行わず，土壌そのものを用いて，土壌微生物の量や土壌微生物に由来する機能を測定・解析する」ものである．この，分離・培養に依存しない手法によって，微生物バイオマス，窒素固定活性，農薬分解能，メタン生成量など，様々な土壌の微生物機能が測定され，それらに影響を及ぼす要因も明らかにされてきた．

　分離・培養に依存しない手法のうち，土壌から微生物などが有するDNA・RNAを抽出し，各種の分子生物学的手法を用いた解析を行う方法が近年急速に発展した．この方法によって展開されている土壌生化学研究を図9.1に表した．まず，調べたいある特定の機能微生物群に特有な遺伝子配列を利用すると，特定機能微生物群の検出や定量，それらの多様性評価を分子レベルで行うことができ，いわゆる「分子生態学」が展開できる．土壌から抽出したDNAには，微生物を含むあらゆる生物が有するrRNA遺伝子（rDNA）が含まれている．この遺伝子配列を

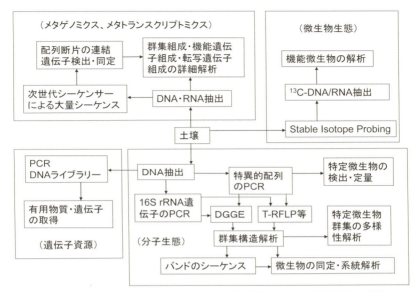

図 9.1 土壌 DNA・RNA を用いた分子生物学的手法による土壌生化学研究の展開

利用して土壌に存在する微生物の群集構造解析が可能となる．また，土壌 RNA を用いればその中で活性の高い土壌微生物の群集構造解析が可能となる．土壌微生物は抗生物質などの医薬品，有用な酵素などを取得するための微生物のスクリーニング源としても用いられてきた．土壌 DNA を利用して，これらの物質や物質を生産する遺伝子を取得することが可能である．

　一方，新しい分子生物学的研究手法が土壌生化学研究に次々に導入されている．安定同位体を利用した stable isotope probing 法（安定同位体標識法，SIP 法）により，土壌中である機能を活発に担っている微生物を特定することができる（9.4.2項参照）．土壌から得た DNA や RNA の塩基配列を次世代シーケンサーによって大量にシーケンスし，その情報を解析することにより，土壌に存在する微生物群集の構造，そこで活動している微生物，そこで発現している機能遺伝子を高い解像度で調べることが可能となった（メタゲノミクス）．

　以下，個々の手法の原理と事例を概説する．

9.2 特定微生物の検出と多様性,分子生態

9.2.1 基本原理

作物生産や物質循環,環境浄化などに関係している特定の土壌微生物の数や種類を調べることによって,その微生物に由来する機能や影響を明らかにできる.しかし,目的とする微生物の数は土壌微生物全体の中ではわずかである.そのため,土壌や植物根からDNAを抽出し,調べたい対象とする微生物を選択的に検出できるように設計したプライマーを用いてPCRを行うことで解析が可能となる.対象微生物の検出を行う場合には増幅の有無を確認し,量を求めたい場合には定量PCRを行い,多様性を求めたい場合には増幅産物のシーケンスを行って系統解析などを行う.対象とする微生物が活発に機能しているかどうかを調べるためには土壌RNAを解析に用いる.

9.2.2 アーバスキュラー菌根菌

アーバスキュラー菌根菌はグロムス門に属する絶対共生菌である.土壌中の胞子が発芽して伸長した菌糸は植物根の表皮から侵入し,細胞間隙を伸長して樹枝状体と呼ばれる養分交換器官を形成する.土壌中に張り巡らした菌糸からリン酸や水分を宿主植物に供給し,植物体から光合成産物を受け取って共生生活をしている(第7章参照).土壌中に存在している,あるいは植物根に共生しているアーバスキュラー菌根菌の多様性は植物群落のバイオマスや多様性の増大,農耕地での作物生産性に重要である.

アーバスキュラー菌根菌を調べるPCRでは,増幅対象遺伝子領域として18S rRNA遺伝子あるいはrRNA遺伝子間のITS (internal transcribed sequence) がおもに用いられている.18S rRNA遺伝子については,幅広い種類のアーバスキュラー菌根菌を検出できるコモンプライマーや,属あるいは種に対応したプライマーが各種設計されている.ITS領域には変異が集積するために,同一種内のより詳細な解析・識別に利用される.

従来,アーバスキュラー菌根菌では胞子の形態に基づく分類が用いられてきたが,PCRならびに増幅産物の分子系統学的解析法の導入により,植物根と共生状態にあるアーバスキュラー菌根菌の属あるいは種レベルでの同定が可能になった.これにより,植物とアーバスキュラー菌根菌の間にはある程度の宿主選択性

(親和性)があることが明らかになった．作物の根へのアーバスキュラー菌根菌の共生の有無やその種類を明らかにすることは，菌根菌の機能を活かした土壌管理のために重要である．荒廃地の緑化において，移植した幼植物の定着・生育を高めるために導入したアーバスキュラー菌根菌が現場で生存・定着したことが確認された．

9.2.3 有機汚染物質の分解菌

種々の人工化学物質や石油炭化水素など難分解性有機化合物による環境汚染が問題となっている．土壌や底質など環境中に生息している微生物の中には，これらの化合物を分解できる能力を持つものがおり，生態系の環境浄化に重要な役割を果たしている（4.3節参照）．これまでに種々の化学物質について分解菌が環境中から単離され，分類学的，生理学的，遺伝学的な解析が行われ，汚染環境の生物的修復（バイオレメディエーション）にも応用されている．

生態系における難分解性有機化合物の微生物による分解過程を把握し，汚染環境の生物的修復を安全・有効に進めるためには，環境中に生息し有機汚染物質を分解できる微生物や，汚染物質の分解のために環境中に導入された分解菌の動態や生態を明らかにする必要がある．

a. 接種分解菌の検出・定量

バイオレメディエーションの目的で土壌などの環境中に導入された分解菌の検出・定量のために定量PCR法が用いられる．導入分解菌の16S rRNA遺伝子や汚染物質の分解系遺伝子配列，ゲノム配列情報などに基づいて導入菌を選択的に検出・定量できるPCRプライマーを設計する．分解菌を導入した土壌などの環境から環境試料を採取し，DNAを抽出して定量PCRを行い，導入分解菌の生残性をモニターする．

b. 分解ポテンシャルの定量

汚染環境に元来生息している分解菌を活性化させてバイオレメディエーションを行うことがある．その場合，分解能力のある微生物がその環境に生息しているかどうかを，特定の分解系遺伝子を標的とした定量PCRによって検出・定量を行う．分解菌が特定のグループに限られている場合には16S rRNA遺伝子も利用される．環境が複数の化学物質で汚染されている場合や，複数の分解経路が存在して標的とする分解系遺伝子が多数になる場合には，分解系遺伝子群をプローブと

して用いたマイクロアレイも利用される．

9.2.3 植物病原菌

環境保全型農業の推進や，土壌燻蒸剤の1つである臭化メチルの廃止（2005年）などに伴う化学合成農薬代替技術の開発，およびその有効な利用法を確立するために，土壌の病原菌密度に応じた防除技術の活用や病原菌密度を増加させないための研究が進められている．このような研究現場において，土壌からの植物病原菌の迅速かつ高感度な検出技術開発が求められており，各種病原菌に特異的なDNA配列を用いた土壌からの検出例がある（表9.1）．

9.3 土壌微生物の群集構造解析

土壌微生物の群集構造の解析や評価は，土壌生化学反応の担い手である土壌微生物の基本情報として重要である．

地球上のすべての生物はリボソームRNAの塩基配列の比較による系統進化の知見に基づいて，細菌（Bacteria），アーキア（Archaea），真核生物（Eukaryote）の3領域に分類され（系統分類），進化の歴史を表した系統樹の上にそれぞれの種名を示すことができる（図9.2）．このリボソームRNA遺伝子（rDNA）配列に基づいた土壌微生物の群集構造解析手法が広く用いられている．細菌群集構造解析には16S rDNA配列が，糸状菌の群集構造解析には18S rDNA配列が一般的に用いられる．

9.3.1 PCR-DGGE法
a．原　理

DGGE（denaturing gradient gel electrophoresis：変性剤濃度勾配ゲル電気泳動）は，もともとは染色体DNAの1塩基以上の遺伝子の欠失や挿入，塩基置換などの突然変異の検出のために開発された手法である．DNA変性剤（尿素とホルムアミド）の濃度勾配をつけたポリアクリルアミドゲル中でDNAを電気泳動すると，DNA変性剤の濃度上昇とともに2本鎖DNAは部分的に1本鎖に変性し，ゲル中での移動速度が遅くなる．DNAが解離する変性剤濃度は塩基配列に依存するため，長さが同じでも塩基配列の異なるDNA断片はゲル中での移動速

9.3 土壌微生物の群集構造解析

表 9.1 土壌中の病原菌の PCR 法を用いた特異検出の事例（對馬誠也博士提供）

	土壌病原菌（体）名と病害名	検出感度など	文献など
1	Pepper mild mottge virtfs (PMMoV)：ペッパーマイルドモットルウイルス	RT-PCR による検出．感染閾値をこえた圃場の判定が可能．ただし，感度の安定性については検討中．	津田新也（私信）
2	Pythium ultimum（各種作物苗立枯病）Plasmodiophora brassicae（アブラナ科野菜根こぶ病）Verticillium dahliae（各種作物半身萎凋病）	Single PCR による各種土壌からの直接検出．Pythium ultimum：14-623 cfu g^{-1}（乾土）の 6 種の汚染土壌から検出．Plasmodiophora brassicae：発病度 44-86 の 4 種の汚染圃場から検出．Verticillium dahliae：1, 0-26.2 cfu g^{-1}（乾土）の 3 種の汚染圃場から検出．	Kageyama et al., 2003
3	Plasmodiophora brassicae（アブラナ科野菜根こぶ病）	Single-tube nested PCR による高感度検出．接種した土壌（1 種類）から 1 休眠胞子 g^{-1}（乾土）を検出．	伊藤他，1997
4	Streptomyces turgidiscabies（ジャガイモそうか病）	MPN-PCRI による定量的検出．自然汚染土壌から少なくとも 10^2 g^{-1}（乾土）までの検出可能．	北海道立十勝農業試験場・北海道立北見農業試験場・北海道立中央農業試験場編，2004
5	Ralstonia solanacearum（race 4）（ショウガ科植物の青枯病）	Single PCR により，人工汚染土壌（園芸培土）から 10$^{6-7}$ cfu g^{-1} で検出．試料のエタノール沈殿処理により 10^2 cfu g^{-1}（乾土）まで検出可能．	Horita et al., 2004
6	Ralstonia solanacearum（青枯病）	MPN-PCRI による定量的検出．1 g 当たり 0.3 個の青枯病菌を検出．phcA プライマーはレース 1（トマトなど）の検出に活動できるが，レース 3（ジャガイモ）の検出には利用できない．	井上他，2015
7	Phytophthora nicotianae と P. cactorum（イチゴ Phytophthora rot 病の病原菌）	Nic-F1/R1c プライマー単独で病原菌由来 DNA 100 fg が，Cac-F3/R3-2 プライマー単独で 1 pg が検出され，multiplex PCR でも simplex PCR と同程度の検出感度が得られた．人工接種された土壌からも病原菌を特異的に検出した．8 県の 89 土壌について解析し，Phytophthora rot 発生圃場から病原菌が特異的に検出された．	Li et al., 2011
8	Phytophthora nicotianae と P. cactorum（イチゴ Phytophthora rot 病の病原菌）	52 菌株を用いた検出限界は，P. nicotiana で 10 fg，P. cactorum で 1 pg．病気を起こす土壌の最小菌密度は 20 pg/g soil で推定された．	Li et al., 2013
9	森林土壌からの Pythium intermedium の検出	Real-time PCR で病原菌由来 DNA の 10 fg まで検出可能．Real-time PCR により，P. intermedium が，mixed forest 土壌の 25 サンプル平均で 67-171 cfu/g soil, Ceder forest で平均 228-416 cfu/g soil であると推定された．	Mingzhu et al., 2010
10	キャベツ圃場からバーティシリウム萎凋病菌（Verticillium longisporum と V. dahliae）の quantitative nested real-time (QNRT) PCR 検出	V. longisporum, V. dahliae の検出とともに，Ct 値が発病最大の圃場で最小，最小の圃場で最大であった．	Banno et al., 2011
11	キュウリ圃場からのホモプシス根腐病菌（Phomopsis sclerotioides 菌）の検出	抽出 DNA から 50 fg/μg を検出．砂質土壌から 10 cfu/g を検出．	Ito et al., 2012
12	real-time PCR によるトマト萎凋病菌 Fusarium oxysporum f.sp. lycopersici race1,2,3 の土壌からの検出	10^7 cell の bud cell を 60 g の土壌（Andosol）に接種．Real-time PCR で Race1,2,3 を検出できた．自然汚染土壌からも検出できることを確認（data not shown）．	Inami et al., 2010
13	real-time PCR による土壌からのキャベツ萎黄病菌（Fusarium oxysporum f.sp. conglutinans）の検出	pre-PCR と real-time PCR の組合せにより，2×10^2 cells/g soil（Andosol）の検出が可能になった．	Kashiwa et al., 2016

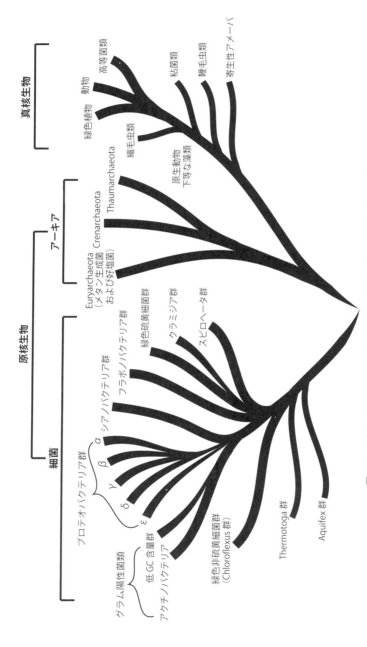

図 9.2 リボソーム RNA の塩基配列に基づいて生物の進化の歴史を表した系統樹
Woese (1990) より改変

9.3 土壌微生物の群集構造解析

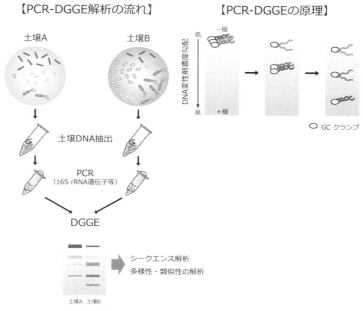

図 9.3　PCR-DGGE 解析の流れと原理
森本晶博士提供.

度が異なり，それぞれ特定の泳動距離上にバンドを形成する．PCR-DGGE では片方の 5′ 末端に GC から成る 40 塩基程度の配列（GC クランプ）を付けた PCR プライマーセットを用いる．この部分はゲル中で 2 本鎖を維持し，高感度の分離を可能としている（図 9.3）．

b. 解析方法と解析対象微生物群

土壌から DNA を抽出し，それを鋳型として 16S rDNA あるいは 18S rDNA に含まれる領域を PCR 増幅し，DGGE を行ってバンドプロファイルを得る（図 9.3）．バンドの数から微生物群集を構成し優占している微生物種の数を類推することが可能であり，バンドの濃さは相対的な存在量の大まかな指標となる．バンドを切り出して DNA 配列をシーケンスすれば，系統的な位置関係から微生物種をおおまかに特定することができる．バンドプロファイルの比較解析から土壌サンプル間の微生物群集構造の類似性を求めることもできる．

特定の機能遺伝子を対象として PCR-DGGE を行い，その機能を有する微生物

の群集構造を解析することもできる．アンモニア酸化細菌（amoA），窒素固定菌（nifH），メタン酸化菌（pmoA）などの例がある．土壌から抽出したRNAを逆転写して合成したcDNAを鋳型としてPCR-DGGEを行うこともできる．この場合，土壌中でRNAを合成している，すなわち土壌中で活性が高い微生物群集構造を解析していることになる．

成型有機質肥料を表面施用すると，肥料の周囲に生育した糸状菌の脱窒作用によってN_2Oガスが発生することがある．18S rDNAを標的としたPCR-DGGE法により生育した糸状菌種が特定された（図9.4）．一方，糸状菌を分離してN_2O生成能を調べ，N_2O発生に寄与している主要な糸状菌が明らかにされた（Wei et al., 2014）．

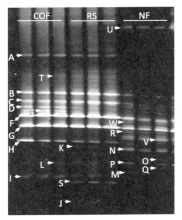

図 9.4 成型有機質肥料の周囲に生育した糸状菌のPCR-DGGEによる特定（18S rRNA遺伝子を標的）
COF：肥料，RS：肥料近傍土壌，NF：肥料無施用土壌
バンドFはFusarium avenaceumに，バンドBはFusarium oxysporumに，バンドEはActinomucor sp.にバンドFはNectria sp.にそれぞれ由来しており，分離菌株によっていずれもN_2O生成糸状菌であることが確かめられた．Wei et al., 2014．

9.3.2　T-RFLP法

土壌DNAを鋳型とし，5′末端を蛍光色素で標識したプライマーを用いて16S rDNAの特定の領域をPCR増幅する．得られた遺伝子増幅産物をHhaIやMboIなどの末端制限酵素で断片化し，キャピラリー電気泳動で分離して蛍光色素標識したDNA断片（末端制限断片）の検出を行うのがT-RFLP（terminal restriction fragment length polymorphism）法である（図9.5）．1分子の16S rDNAから1本のDNA断片が検出され，DNA断片の長さから細菌種がおおまかに推定できる．複数の制限酵素を組み合わせることにより，細菌種の特定を高精度にできる．異なる土壌サンプルから得られた電気泳動パターンの比較から土壌間の細菌群集構造の違いが分かる．末端制限断片の長さ（塩基数）と量（蛍光強度による相対値）を数値データとして取得し，土壌間の細菌群集構造の類似性を解析することができる．

18S rDNAあるいはrRNA遺伝子間のITSを解析対象とすることで糸状菌群集構造を調べることができる．特定の機能遺伝子を対象としてT-RFLPを行い，そ

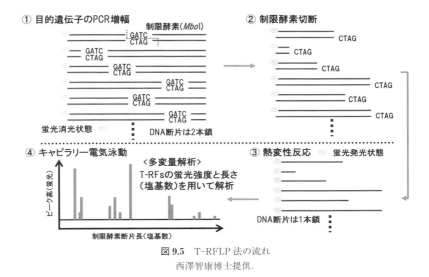

図 9.5 T-RFLP 法の流れ
西澤智康博士提供.

の機能を有する微生物の群集構造を解析することもある．脱窒菌（nirS, nirK），窒素固定菌（nifH）などの適用例がある．

　陸稲畑における耕起・不耕起ならびに冬期の被覆作物の有無が土壌の糸状菌群集構造に及ぼす影響について調べられ，それぞれの土壌管理法によって特徴的に現れる糸状菌種の存在が明らかにされた（Nishizawa et al., 2010）（図 9.6）．

9.4　土壌 DNA の利用，新しい分子生物学的手法

9.4.1　土壌 DNA ライブラリー法による特定機能を持つ遺伝子の単離

　土壌微生物は産業上有用な微生物や微生物産物のスクリーニング源としても広く用いられ，抗生物質，生理活性物質，有用酵素，難分解性化合物分解菌などが多数取得されてきた．また，それらの物質の生産や分解能に関与する遺伝子群の単離も行われてきた．これらの微生物・微生物産物のスクリーニングの材料となる微生物は，一般的な培地・培養条件を用いた実験室の環境で比較的容易に分離・培養できるものが大部分であった．

　土壌微生物のうち一般的な栄養培地で生育できるものは，全体の1%にも満たない．このことは，土壌微生物は新規・未利用な微生物の宝庫であり，これを開

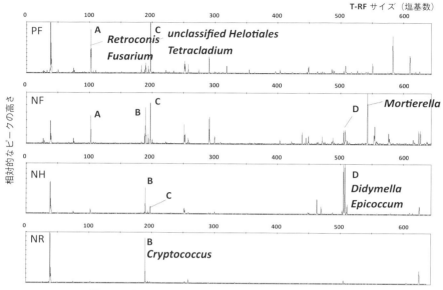

図 9.6 陸稲畑土壌の糸状菌群集構造の T-RFLP 法による解析
PF：耕起区，NF：不耕起区，NH：不耕起・カバークロップ（ヘアリーベッチ）区，NR：不耕起・カバークロップ（ライ麦）区．西澤智康博士提供．

拓することにより新たな有用微生物，微生物産物，有用遺伝子が得られる可能性がきわめて大きいことを意味している．まだ活用されていない土壌微生物資源を利用するために，微生物の分離・培養に依存せず，土壌から微生物の DNA を直接取り出し，PCR 法や DNA ライブラリー法により新規な酵素や生理活性物質，それらの生合成遺伝子を取得する方法が近年行われている．

a. 土壌 DNA からの PCR による有用遺伝子の取得

取得したい酵素などの物質を生産する遺伝子がすでにいくつか単離されており，遺伝子間で塩基配列の保存性の高い領域を見つけて PCR 用のプライマーが設計できる場合には，土壌から抽出した DNA を鋳型としてそのプライマーを用いて PCR を行うことにより，目的とする遺伝子の類似遺伝子を取得することができる．こうして，より多様な目的遺伝子を取得し，それを材料にしてさらに機能の高い酵素などを検索する．この手法によって，セルラーゼやキチナーゼ生産遺伝子や多環芳香族化合物の初発酸化酵素遺伝子，抗生物質生産酵素遺伝子が土壌か

図 9.7　土壌 DNA ライブラリーからの有用物質・遺伝子の取得

ら単離されている．

b. 土壌 DNA ライブラリーからの有用物質・遺伝子の取得

土壌から抽出した DNA を適当な制限酵素で切断し，発現用ベクターに連結し，それを大腸菌などの宿主微生物に導入して発現ライブラリーを作成し，目的物質を生産している組換え体を適当な方法を用いてスクリーニングして，有用物質やその生合成遺伝子を取得する（図 9.7）．陽性の組換え体が得られたら，それが生産している有用物質を分離・精製するとともに構造決定を行う．また，組換え体のベクターに挿入されている遺伝子を解析することにより，その生合成に関与する遺伝子も取得することができる．土壌 DNA ライブラリー法により，種々の新規な酵素（多糖類分解酵素，タンパク質分解酵素，脂質分解酵素など）や生理活性物質（抗生物質など），それらの生合成遺伝子が得られている．

9.4.2　SIP 法による土壌で機能する微生物の特定

SIP 法は，^{13}C, ^{15}N, ^{18}O などの安定同位体で標識した基質を土壌などの試料に添加して培養を行い，安定同位体を取り込んだ生体成分（DNA，RNA，リン脂質脂肪酸など）を分離回収して解析することにより，添加した基質を資化した微生物群集を明らかにする手法である．

農耕地土壌では様々な物質循環が土壌微生物によって駆動されており，作物生産や地域・地球環境に大きく関わっている．物質循環を実際に担っている土壌微生物を解明することは学術的にも応用面でも重要な課題であるが，土壌微生物の大部分が培養困難であることなどから研究の進展が遅れていた．SIP 法は培養に依存しない解析方法として強力なツールであり，近年多くの研究が報告されている．

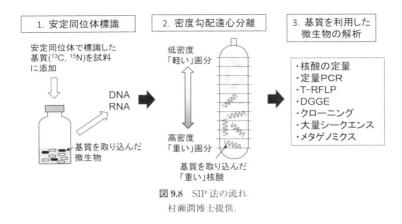

図 9.8 SIP 法の流れ
村瀬潤博士提供.

a. 原　理（図 9.8）

安定同位体で標識された基質が核酸に取り込まれると，わずかながら通常の核酸より比重が大きくなる．この「重い」核酸は，密度勾配遠心によって通常の「軽い」核酸から分離できる．DNA の分離には塩化セシウム（CsCl），RNA の分離には CsTFA（cesium trifluoroacetate）が溶媒に用いられる．DNA の分画には，臭化エチジウムを加えて遠心分離を行い UV 照射下で認められる DNA のバンドを回収する方法と，遠心分離後の溶液を層位別（浮遊密度別）に分取する方法とがある．分離した核酸は，土壌から抽出した DNA や RNA と同様の手法（DGGE，T-RFLP，クローニングなど）を用いて解析される．

b. 適用例

水田土壌の物質代謝を担う微生物群が SIP 法を用いて調べられた．

脱窒反応：水田土壌に脱窒菌の基質としての ^{13}C-コハク酸ならびに電子受容体としての硝酸を添加し，嫌気条件下で保温静置して脱窒活性を高めた．土壌から DNA を抽出して ^{13}C-DNA 画分を分離し，16S rDNA ならびに脱窒の亜硝酸還元酵素遺伝子 *nirS* および *nirK* を対象としたクローンライブラリを作成して解析した．その結果，この条件の水田土壌では Burkholderiales 目，Rhodocyclales 目，Rhodospirillales 目に属する細菌群，ならびに Rhodocyclales 目に近縁な新規のグループに属する細菌が脱窒に関わっている主要な細菌群であることが明らかとなった（Saito *et al.*, 2008）（第 5 章参照）．

鉄還元反応：水田土壌に ^{13}C-酢酸ならびに鉄酸化物であるフェリハイドライトまたはゲータイトを添加して保温静置した．土壌 RNA を抽出して密度勾配超遠心により ^{13}C-RNA 画分を分離し，細菌とアーキアの 16S rRNA 遺伝子を対象としたクローンライブラリを作成して解析した．その結果，フェリハイドライト添加の場合には *Geobacter* が，ゲータイト添加の場合には *Geobacter*, *Anaeromyxobacter*, ならびに新規な β-プロテオバクテリアが優占しており，これらが水田土壌において酢酸を酸化して鉄還元を行っている細菌であると考えられた (Hori *et al.*, 2010) (第 6 章参照)．

メタン生成反応：水田土壌における還元反応の最終段階であり，水稲根から分泌される化合物や根の脱落組織はメタン生成の炭素源の大きな供給源である．^{13}C-CO_2 を与えて栽培した水稲の根圏土壌において，Rice Cluster I と呼ばれるアーキアグループの rRNA に ^{13}C が取り込まれており，これがメタン生成に重要な役割を果たしていることが示された (Lu *et al.*, 2005)．

メタン酸化反応：水田土壌で生成したメタンは土壌表層などの酸化的な部位においてメタン酸化菌によって資化される．メタン酸化菌がさらにアメーバ，繊毛虫類，鞭毛虫類などの原生生物に捕食されていることが，$^{13}CH_4$ を用いた RNA-SIP により明らかにされ，メタンにより駆動される食物網の存在が示された (Murase *et al.*, 2007)．

その他，農耕地における各種の物質代謝を担う微生物が SIP 法により調べられた．土壌に投与された除草剤 2,4-ジクロロフェノキシ酢酸 (2,4-D) を資化して分解する微生物が，^{13}C で一部をラベルした 2,4-D を用いた DNA-SIP により調べられた (Cupples *et al.*, 2007)．$^{15}N_2$ を用いた DNA-SIP により土壌中の単生窒素固定菌の多様性が調べられた (Buckley *et al.*, 2007)．ジャガイモを $^{13}CO_2$ を与えて栽培し，植物体内に生息する内生細菌（エンドファイト）が同定された (Rasche *et al.*, 2009)．農耕地土壌ではアンモニア酸化細菌の方がアンモニア酸化アーキアよりも活発にアンモニア酸化を行っていることが $^{13}CO_2$ を用いた DNA-SIP などにより示された (Jia *et al.*, 2009)．

9.4.3 メタゲノミクス

a. メタゲノミクスの登場

現在，多くの微生物の全ゲノム配列が明らかにされており，個々の微生物の生

理・生化学・遺伝学的性質,進化や生態に関する情報を得ることができる.一方,土壌や水系などの自然環境からそこに生息する微生物のDNA(環境DNA(environmental DNA),メタゲノム(metagenome)とも呼ばれる)を高純度で抽出する技術が開発・改良され,また,遺伝子の大規模塩基配列決定や配列情報の処理技術も日進月歩で進歩している.このような状況のもと,ある自然環境サンプルからそこに生息する微生物群集のDNAを丸ごと抽出してその塩基配列を決定し,微生物の群集構造,個々のあるいは集団としての微生物機能,微生物間あるいは微生物と環境との相互作用などを明らかにしようとする手法が登場して急速に進展しており,メタゲノミクスと呼ばれる.

b. 土壌微生物への適用

土壌サンプルから抽出したDNAを断片化し,高速DNAシーケンサー(次世代シーケンサーと呼ばれる)により大規模塩基配列決定を行って(ショットガンシーケンス),大量のゲノム配列情報を得る.取得したゲノム配列はコンピューターで情報解析する.メタゲノム情報解析用の様々なプログラムの組合せ(パイプライン)が公開されており,それらを用いて配列断片の連結(アッセンブル)と遺伝子検出・同定(アノテーション),さらには群集機能推定,群集組成比較などを行う(バイオインフォマティクス解析)(図9.9).ショットガンシーケンスにより遺伝子の大規模塩基配列解読を行い,微生物群集構造解析や遺伝子の多様性を解析することで,従来汎用されてきたPCRを用いた手法より偏りが少ないと考えられる解析結果を得ることが可能となった.

メタゲノム解析を行う場合,並行して16S rRNA遺伝子や18S rRNA遺伝子をPCR増幅して大規模にシーケンスし,細菌や真菌の群集構造解析を行う場合が多

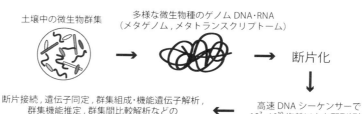

図9.9 メタゲノム・メタトランスクリプトーム解析の流れ
本郷裕一博士原図.

い．これをメタアンプリコン解析と呼ぶ．また，土壌で活性の高い微生物群集や転写されている機能遺伝子を明らかにするために，土壌から RNA を抽出して大規模にシーケンスするメタトランスクリプトーム解析も行われている．一方，対象となる土壌の地理情報や土壌管理情報，各種物理化学的データを取得し，メタゲノム解析から得られた土壌微生物の群集構造や機能との関連を解析する研究がなされるようになっている．

　水田の作土層のメタゲノム解析の結果，微生物群集の中では細菌が圧倒的に優占しており，アーキアや真核生物はわずかであった．細菌群集の約半分はプロテオバクテリア門細菌が占め，その中ではデルタプロテオバクテリア綱細菌が比較的優占していた．細菌群集の属レベルでの構成を見るとデルタプロテオバクテリア綱に属し，鉄還元菌であることが知られている *Geobacter* 属，*Anaeromyxobacter* 属細菌，アシドバクテリア門に属する *Cndidatus* Solibacter 属，*Candidatus* Koribacter 属細菌，ベータプロテオバクテリア門に属する *Burkholderia* 属細菌がもっとも多く存在していた（伊藤・妹尾，2012）．また，メタトランスクリプトーム解析の結果，デルタプロテオバクテリア綱細菌は窒素固定反応，硝酸のアンモニアへの異化的還元反応（dissimilatory nitrate reduction to ammonium：DNRA），脱窒反応を駆動する微生物として重要であることが示された（Masuda *et al.*, 2017）．

　　　　　　　　　　　　　　　　　　　　　　　　　　　　　　　　妹尾啓史

10 地球環境問題と土壌生化学

10.1 環境とは

「環境」とは，英語のenvironmentを日本語に訳するときに生まれた言葉である．この言葉は最初に環象という訳語が用いられたが，1887（明治20）年以後には「環境」が使われるようになった．もともとは，事物の境界を意味する（沼田，1998）．この言葉は中国へ逆輸入され，中国語で「环境（huanjing）」の意味はまったく日本語と同じである．日本語の「環境」が使われる以前の，これに当たる漢語は，「風水土」と考えられる．ここでの「風」は，大気・空気のことである．また，「風水」，「風土」と「水土」は，それぞれ気候環境，人文社会環境と地域環境に該当する．

環境問題は，人類の活動が人類を取り巻く環境あるいは自然総体に対して各種の干渉を行い，悪影響を生じさせる現象である．その悪影響は，地域に限らず，地球規模まで及んでいる．したがって，環境問題は地域環境問題と地球環境問題に分けられる．また地域環境問題は，局地的なものと広域的なものに分けられる．局地的な環境問題の特徴は，その問題を生じる汚染源が移動しにくく，ある地域に留まることである．土壌の重金属，残留農薬，放射性物質汚染などは，その代表例である．広域的な環境問題の特徴は，地下水，河川，湖沼，近海などの水流域を通じて汚染源が広がっていくことである．硝酸態窒素による地下水汚染，湖沼と近海の富栄養化は，その代表例である．さらに，汚染物質が土と水で発生し，大気を通じて拡散し，地球全体まで及び，地球環境問題になる．温室効果ガスの上昇による地球温暖化とオゾン層の破壊は，その代表例である．表10.1で示したように，多くの環境問題は，土壌生化学と関わり，とくに大気圏・水圏・土壌圏の間における炭素，窒素，リン，硫黄，鉄などの物質循環と密接的に関わる．

表10.1 おもな環境問題と土壌生化学との関わり，またそれら発生源間の相互影響

おもな環境問題	土壌生化学との関わり	発生源間の相互影響
地球温暖化	土壌中における炭素・窒素などの動態変動	
オゾン層の破壊	土壌中における窒素の動態変動	
異常気象の頻発と海水面の上昇	地球温暖化がもたらした結果で，間接的に土壌中における炭素・窒素などの動態変動と関わる	
酸性雨（降下物）	土壌中における窒素・硫黄などの動態変動	
近海，湖沼と河川の富栄養化	土壌中における窒素・リン・硫黄・鉄などの動態変動と関わる	
地下水汚染	土壌中における窒素の動態変動	
砂漠化	土壌有機物がなくなる	
土壌侵食	表層土壌が流失する	
土壌の重金属汚染	土壌化学反応と土壌微生物と関わる	
土壌の残留農薬汚染	土壌微生物の分解活性と関わる	
土壌の放射性物質汚染	土壌生化学との関わりは不明瞭	

10.2　地球温暖化と土壌生化学

　地球温暖化は今世紀にわれわれ人類が直面している最大の環境問題である．気象庁の100年以上にわたる観察データによると，日本の平均気温は，1898（明治31）年以降，100年当たりおよそ1.19℃の割合で上昇している（図10.1）．とくに1990年代以降，高温となる年が頻繁に現れている．地球温暖化問題への取組みの科学的基礎を作り上げてきた，気候変動に関する政府間パネル（IPCC）は，2013年に発行されたIPCC第5次評価報告書で，人間活動が及ぼす温暖化への影響については，「温暖化には疑う余地がない．20世紀半ば以降の温暖化のおもな要因は，人為起源の温室効果ガス濃度の増加によるものがきわめて高い（95％以上）」と示している（IPCC, 2013）．人間活動によって増加したおもな温室効果ガスには，二酸化炭素（CO_2），メタン（CH_4），一酸化二窒素（N_2O），フロン類などがある．各種ガスの地球温暖化指数（global warming potential）はそれぞれガスの熱吸収・放出能力と寿命により決まり，N_2OとCH_4の地球温暖化指数は，それぞれCO_2の298倍と34倍である（重さ当たり100年スケールとして）．CO_2換算ベースを用いて概算された2010年に世界全体の人為起源の温室効果ガスの総排出量

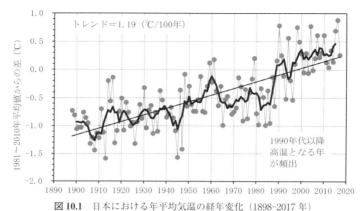

図 10.1 日本における年平均気温の経年変化（1898-2017 年）
灰色マーカー付き曲線は，都市化の気温への影響が比較的少ない国内 15 観測地点での年平均気温の基準値からの偏差を平均した値を示している．太い黒線は偏差の 5 年移動平均を示し，細い黒色直線は長期的な傾向を示している．基準値は 1981-2010 年の平均値．気象庁が下記ページで公表したデータより作成．
http://www.data.jma.go.jp/cpdinfo/temp/list/an_jpn.html

表 10.2 WMO/GAW（世界気象機関/全球大気監視）世界温室効果ガス監視網によるおもな温室効果ガスの地上の世界平均濃度（2015 年）と増加量

	CO_2	CH_4	N_2O
世界平均濃度（2015 年）	400.0 ± 0.1 ppm	1845 ± 2 ppb	328.0 ± 0.1 ppb
1750 年と比較した存在比*	144%	256%	121%
2014 年から 2015 年の増加量	2.3 ppm	11 ppb	1.0 ppb
2014 年からの増加分の比率	0.58%	0.60%	0.31%
世界平均濃度の最近 10 年間の平均年増加量	2.08 ppm/年	6.0 ppb/年	0.89 ppb/年

＊工業化以前の CO_2，CH_4 および N_2O の濃度は，それぞれ 278 ppm，722 ppb および 270 ppb と仮定した．
（2016 年 10 月 24 日に発行された WMO 温室効果ガス年報第 12 号より）

に占める各種ガスの割合は図 10.2 で示している．CO_2 は約 4 分の 3 の 76％を占め，残りの 4 分の 1 は，CH_4 15.8％，N_2O 6.2％，フロン類などが 2.0％を占める．また，世界気象機関（WMO）が公表した最新データによると，2015 年大気中の CO_2，CH_4 と N_2O の濃度は，地球平均で 400.0 ppm，1845 ppb と 328.0 ppb である．産業革命前からの増加率は，それぞれ 44％，156％と 21％となる（表 10.2）．大気中の CO_2 濃度は 1995 年に 360 ppm を超え，遂に 20 年後の 2015 年にはじめて 400 ppm の大台に突入し，今後何世代もそれが続くと予測される．

10.2 地球温暖化と土壌生化学

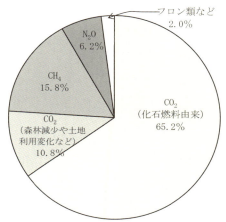

図 10.2 2010 年にグローバルな人為起源の温室効果ガスの総排出量に占めるガスの種類別の割合

CO_2 換算ベース，IPCC，2013．
(IPCC 第 5 次評価報告書より作図)

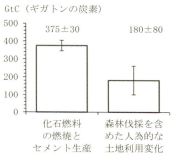

図 10.3 1750-2011 年に大気へ放出した CO_2 の総量の仕分け
IPCC，2013．

　ちなみに，1995 年は第 1 回気候変動枠組条約締約国会議（COP1）がドイツのベルリンで開催され，温室効果ガス削減の数値目標などについて話し合った最初の年であり，また 2015 年は第 21 回締約国会議（COP21）がフランスのパリで開催され，2020 年以降の温暖化対策の国際枠組み『パリ協定』が正式に採択された年である．

　大気中の CO_2 濃度上昇の第 1 の原因は化石燃料の利用であるが，土地利用の変化も，これには及ばないものの大きく寄与している．図 10.3 は，イギリスで産業革命が始まった直前頃の 1750 年から 2011 年までの 262 年間に，化石燃料の燃焼と人為的な森林伐採や土地利用変化などによって大気中に排出された CO_2 総量をそれぞれ示している．人為的な森林伐採や土地利用変化などは 180 ± 80 GtC（ギガトン炭素）で，化石燃料の燃焼由来の 375 ± 30 GtC の約半分である．一方，図 10.2 で示したように，2010 年の世界全体の人為起源 CO_2 総排出量のうち，森林減少や土地利用変化などの排出量の割合は全体の 14.2 %（10.8/76.0）まで減少したが，依然無視できない状況にある．また，図 10.2 で示した人為的な CH_4 放出量は，農業分野からの影響が大きい．その中で世界的な稲作面積の拡大と家畜の反

鶩動物飼養頭数の増加（反鶩動物のげっぷからの CH_4 放出）は，人為的発生量の約半分を占めている．さらに，オゾン層の破壊も行う N_2O の人為的な放出は，農耕地へ施用される窒素肥料と環境中の窒素負荷の増加が大きな要因になっている．したがって，土壌生化学に関わる土壌中の炭素と窒素の物質循環は，地球温暖化に大きな影響を及ぼしている．

10.2.1　土壌有機炭素の損失による大気中への CO_2 放出量の増加

地球規模においては，土壌は陸域の主要な炭素貯留庫であるため，大気中 CO_2 濃度に大きな影響を与えている．地球全体の土壌有機炭素量は，土壌表層 1 m 中で 1.5 兆 t（1.5×10^3 GtC），表層 30 cm では 0.716 兆 t と推定されている（高田ら，2016）．地球全体として捉えた場合，土壌有機炭素の損失のおもな要因は土地利用変化である．もともとの森林から農耕地への土地利用変化は，世界各地で行われてきた．Wei ら（2014）は，119 報の文献から，土地利用変化後の半年から 207 年までの異なる寒帯，温帯と熱帯地域にあった 453 組のデータを用いて解析し，0-30 cm の表層における土壌有機炭素損失量をまとめた．その結果，土地利用変化の前と比べた土壌炭素の減少率は，温帯地域で 52.3％，熱帯地域で 40.8％，寒帯地域で 31.1％であった．また，土地利用変化年数は，10 年以内，10 年以上から 50 年までの間，50 年以上の 3 段階に分けると，土壌炭素の減少率がそれぞれ 34.7，45.3 と 53.2％であった（図 10.4）．森林伐採後，炭素含有量が約 50％の樹木の地上部と地下部のバイオマスの炭素固定機能が失われると同時に，土壌中の有機態炭素の 3-5 割が土壌微生物に分解され，CO_2 として大気中に放出されることは，大気中の CO_2 濃度の上昇に大きく影響した．一方，農耕地から林地への転換は，土壌有機態炭素が大幅に（18-53％）増えることも報告されている（Guo and Gifford, 2002）．土壌有機態炭素が植林年数によってどのように増えるかを調べた事例もある．山形県にある庄内平野は豊富な水資源と適度な夏温度に恵まれ，稲作に適し，日本有数の穀倉地帯として知られている．その庄内平野の日本海側には延長 33 km，面積約 75 km^2 の広大な庄内砂丘がある．そのうち，約 25 km^2 がクロマツの海岸林である．このクロマツ海岸林は，すべて不毛の砂丘から，およそ 300 年前の江戸中期から庄内地域の先人たちが長い歳月をかけて，植栽を繰り返しながら造成された貴重な防風・防砂海岸林である．現在の庄内砂丘のクロマツ海岸林には，約 200 年前に植林されたものとごく最近植林されたもの，様々な年

10.2 地球温暖化と土壌生化学

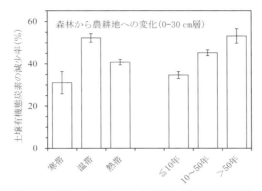

図 10.4 森林から農耕地への土地利用変化が土壌有機態炭素の損失に与える影響

Wei ら (2014) のデータにより作成.

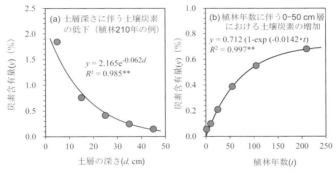

図 10.5 山形県庄内砂丘クロマツ人工植林地における土層深さに伴う土壌炭素含有量の低下 (a) と植林年数に伴う 0-50 cm の全土層中の有機態炭素の増加 (b)

程, 公表待ち.

代のクロマツ林が混在している. そこで, 筆者らが植林 1 年から約 200 年までの 21 地点で, 0 から 50 cm まで, 10 cm ごとに 5 層に分けて, 合計 105 点クロマツ林地の土壌をサンプリングし, もともと有機物がほとんどない砂丘地の砂質土壌中の有機態炭素は, どのように植林年数に伴って増えるかを調べた. その結果, 各年代各地点の砂質土壌における有機態炭素の含有量は, 表層 (0-10 cm) から下層 (40-50 cm) まで, 指数関数的に低下したことを見出し (図 10.5 (a)), 表層 (0-

10 cm）では，植林 100 年以上を超えると，土壌有機態炭素の含有量がほぼ 2％で飽和状態となり，代わりに次表層（10-20 cm）の有機態炭素の蓄積が大きくなったことを明らかにした．また，植林からの経過年数ごとにプロットすると，0 から 50 cm までの全層土壌の炭素含有量は，図 10.5（b）で示したように，対数関数的に上昇したことを明らかにした．植林 200 年を超えても，庄内砂丘のクロマツ林地には表層から 50 cm までの土層における有機態炭素の蓄積がまだ続いており，森林の再生は，地球温暖化の緩和機能として大きいといえる．

10.2.2　大気中の CO_2 濃度上昇による水田からの CH_4 放出量の増加

CH_4 は，CO_2 に次ぐ温室効果ガスで，CO_2 と同じ炭素の化合物である．CH_4 の地球温暖化指数は，重さ当たり CO_2 の 34 倍である．CO_2 と CH_4 の分子量は，それぞれ 44 と 16 であり，炭素当たりにすると，CH_4 の地球温暖化指数は，CO_2 の 12.4 倍である．つまり，土壌有機物が好気的に分解され大気へ CO_2 を放出するのに対して嫌気的に発酵され大気へ CH_4 を放出するときに，地球温暖化に与える影響は，12.4 倍になる．CH_4 は，水田や湿地の泥の中や，牛や羊のような反芻動物の消化管など，酸素のない環境で，メタン生成菌と呼ばれる細菌群の活動によって作られる（浅川，1998）．水田は日本を含むアジアの国々に広く分布しているため，CH_4 の主要な発生源の 1 つとなっている．国際連合食糧農業機関（FAO）の統計データによると，世界の稲作栽培面積は，1961 年の 115.4 kha から 2010 年の 159.4 kha まで増え，38.1％拡大した．それに伴い，水田からの CH_4 発生量は，1961 年には二酸化炭素換算値（CO_2 eq.）として 366 Mt であったものが，2010 年に 499 Mt まで増え，36.3％拡大した（高田他，2016）．

大気中 CO_2 の濃度上昇は地球温暖化をもたらす反面，植物の光合成速度を促進し，イネの生長や収量の増加にも効果がある．これは，ハウス栽培で炭素ガスを施用することと同様，いわゆる炭素ガスの施用効果のようなものである．当然ながら，イネの生長が促進されると，イネの根から土壌中へ分泌される有機物，土壌中に鋤きこんだ稲ワラも多くなる．また，長期間湛水状態に置かれる水田生態系には，イネだけではなく，田面水中に生育している浮草および藻類などの光合成産物も大気中の CO_2 濃度上昇に促進される．その結果，水田土壌中における有機物の生成と分解は，大気中の CO_2 濃度に促進され，CH_4 も多く生成されると考えられる．水田土壌中で生成された CH_4 の一部は，CH_4 酸化菌によって土壌表層

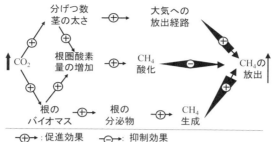

図 10.6 CO_2 濃度上昇が水田-イネ生態系から CH_4 放出に及ぼす影響（概念図）
程（2008）より引用．

の酸化層や酸素があるイネの根圏で酸化され，残った部分は気泡，拡散およびイネ体経由の3つの経路で大気へ放出される．水田ではイネ体経由による CH_4 の放出が全体の約 8-9 割を占めていることは，多くの研究より明らかになった．大気中の CO_2 濃度上昇は，水田土壌中の CH_4 生成だけではなく，CH_4 酸化と放出経路にも影響する（図 10.6）．CH_4 酸化菌による CH_4 酸化には酸素が必要となることから，水田土壌においては，CH_4 の酸化反応が起こるのは土壌表層の酸化層やイネ根圏などに限られる．イネの根圏の酸素は，CH_4 とは逆の方向に，イネの茎から根へと移動する．その量はイネの根の発達具合と根の活性によって異なる．イネ生育前半の根の生長速度は，CO_2 の濃度上昇により増加するので，イネ根圏における CH_4 酸化活性もこの時期に促進されると考えられる．しかし，イネの生長に伴って，次第に光が田面水まで入り難くなり，また，根の老化も進むため，CO_2 濃度の上昇が CH_4 酸化に与える影響は小さくなる．したがって，イネ生育後半においては，CH_4 生成は酸化を著しく上回るので，CO_2 濃度の上昇は正味の CH_4 生成量（生成量−酸化量）に大きな影響を与えるといえる．さらに，大気への CH_4 放出速度は，イネ体を介して大気へ放出される際の，イネの茎数および茎の太さにも影響されるものと考えられる．CO_2 濃度の上昇によるイネ茎数の増加も CH_4 の放出を促進すると考える（程，2008）．加えて，大気 CO_2 濃度と温度の同時上昇は，水田から CH_4 放出量を促進する相乗効果があり，水田土壌からの CH_4 放出は，地球温暖化をさらに加速する危惧がある．したがって，水田からの CH_4 放出

量を抑制する技術の開発はきわめて重要である．

　CH_4 削減のための多くの緩和策は，水稲耕作期間中の中干し（1 回または数回の排水をし，地表を乾かし，根に酸素を供給する）の実施，根からの滲出物の少ないイネ品種の選抜，非栽培期間中の水管理，施肥管理，有機性残渣施用の時期や堆肥化などがある．日本国内では，田畑転換の栽培体系（水田に何年かおきに畑作物を栽培し，その後また水田に戻す）は，水田からの CH_4 放出量が大きく削減されることも実証されている．

10.2.3　土壌からの N_2O 発生と反応性窒素増加

　地球には大量の窒素（197×10^6 GtN）が種々の形態で存在しており，全窒素の約 97.8％（193×10^6 GtN）は地殻岩石に，約 0.2％（0.4×10^6 GtN）は地表の水成岩中に含まれる．空気中には約 2％（4.0×10^6 GtN）が分子態窒素（N_2）として存在するといわれている．また，全体量の中で，微量といえる約 1.39×10^3 Gt の窒素は，土壌圏，水圏，生物圏などに存在する．大気中の N_2 は化学的に不活性であり，窒素固定微生物以外に，ほとんどの生物にとって利用が不可能である．一方，生物圏で生物が利用しうるのは，反応性窒素（reactive nitrogen）と呼ばれる窒素有機物質と可変態の窒素化合物である（程・中島，2005）．反応性窒素は，表 10.3 で示したように，自然的な起源と人為的な起源に大別される．また，生成過程は，生物的な窒素固定と非生物的な化学反応に大別される．産業革命以前は，反応性窒素は，ほとんど生物的な窒素固定の由来であり，非生物的な化学反応の由来は，大気中での放電とわずかの化石燃焼である．微量な大気中での放電（5.4 Tg N yr^{-1}）も稲作生産に役に立つことは，日本語言葉の「稲妻」から伺える．語源由来辞典によると，「稲妻」は，「稲の夫（つま）」の意味から生まれた語である．古代，稲の結実時期に雷（大気中での放電時に発する音を指し，できた光は雷光という）が多いことから，雷光が稲を実らせるという信仰があったようである．そのため，稲妻は「稲光」「稲魂」「稲交接」とも呼ばれ，頭に「稲」が付けられるようである．雷光が稲を実らせる現象は，実は空中の窒素固定によるものであり，その放電過程で，大気中の不活性 N_2 は以下の反応で反応性窒素に変わり，最後に硝酸態窒素として雨とともに落ちる．

$$N_2 + O_2 \longrightarrow NO \quad NO + O_2 \longrightarrow NO_2 \quad NO_2 + H_2O \longrightarrow HNO_3$$

　栄養飢餓状態にあるイネがその窒素を吸収し，よく実ると考えられる．いわゆ

表10.3 過去,現在および将来におけるグローバルでの反応性窒素量の変化

	1860年	1990年	2050年
自然的な起源			
大気中での放電	5.4	5.4	5.4
陸域における生物窒素固定	120	107	98
海洋における生物窒素固定	121	121	121
自然的な起源の総量	246	233	224
人為的な起源			
ハーバー・ボッシュ法による化学合成	0	100*	165
窒素固定作物の栽培	15	31.5	50
化石の燃焼	0.3	24.5	52.2
人為的な起源の総量	15	156	267
総反応性窒素	262	389	492

Galloway $et\ al.$, 2004より.単位:$Tg\ N\ yr^{-1}$($=10^6\ t\ N/$年)
*100 $Tg\ N\ yr^{-1}$のうち,86%が化学施肥として使われていた.

る現在の穂肥(はごえ)と実肥(みごえ)の追肥効果である.

しかし,産業革命以後,とくに20世紀に入ってから,大気圏と生物圏の間に反応性窒素が増加し続けている.この増加した反応性窒素は,おもに20世紀初頭に発明されたハーバー・ボッシュ法による工業的な窒素固定,化石燃料の燃焼に伴うNOxの大気への放出および窒素固定作物の栽培面積の拡大の3つが挙げられる(表10.3).表10.3で「現在」と定義される1990年代のハーバー・ボッシュ法による工業的な窒素固定量($100\ Tg\ N\ yr^{-1}$)のうち,86%が化学施肥として使われていた.また,窒素固定作物の栽培による反応性窒素は$31.5\ Tg\ N\ yr^{-1}$であった.両者を合わせると,化学施肥量および拡大した窒素固定作物栽培が,人為的な起源の反応性窒素の75%を占めている(Galloway $et\ al.$, 2004).

作物が必要とする量を超えた窒素肥料を土壌に施用すると,農耕地からCO_2とCH_4より強力な温室効果ガスN_2Oが,硝化作用と脱窒作用を通じて大量発生し,大気中に放出される.1990年代に地球全体で年間約16 TgN(0.16億t N_2O-N/年)排出されたN_2Oのうち,40-50%が人間活動によるものであった.農地土壌はその主要な発生源であり,1990年代の人為起源のN_2O発生量の80%以上を占めている.カナダや米国のような,地域によっては作物の必要量を超えた窒素肥料を施肥する先進国では,農業が全温室効果ガス排出の6-7%を占めており,農地土壌からのN_2Oの排出は農業セクターからの温室効果ガス排出全体の65-75%を占

める．同様の窒素過剰は，西ヨーロッパ，中国およびインド北部でも非常に高い状況である（高田他，2016）．

10.3 対流圏と成層圏のオゾン

　オゾン（O_3）は酸素原子3個から成る気体である．オゾンは，大気中の対流圏（地表から〜約10 km 上空）にも成層圏（約10-50 km 上空）にも存在するが，対流圏オゾンの存在量は成層圏オゾンと比べて1/10しかない．また，地上20-25 kmの高さの成層圏内でオゾンの密度がもっとも高い層があり，オゾン層と呼ばれる．地表近くの対流圏オゾンの供給源は，成層圏からの流入と対流圏での光化学反応による生成である．成層圏からの流入は，おもに中高緯度で起こり季節的には初春にもっとも盛んである．一方，対流圏でのオゾンの生成は，日射のもとでの窒素酸化物（NOx）と一酸化炭素（CO）や揮発性有機化合物（VOC）との光化学反応によって夏期にもっとも盛んに起こる．同時に対流圏では，海洋上などのNOxの低い領域でのHOxラジカルなどとの光化学反応や，地表面との接触分解でオゾンの消失が起こっている．対流圏オゾンは他の温室効果ガスと同様に，人間社会の工業化とともに地球規模で増加し，農作物や生態系に及ぼす影響が懸念される．オゾンによる農作物生産の減少を知るために，圃場に設置した温室の中のオゾン濃度を高めて農作物を栽培し，収量の低下を調べた結果がいくつかある．オゾンの日中平均濃度と農作物収量の関係を，おもな農作物について図10.7に示す（小林，1999）．オゾンによる減収は，農作物の種類間で異なり，イネ，トウモロコシ，冬コムギは，ワタやダイズよりも影響が小さいが，ヨーロッパの春コムギはダイズと同程度である．

　対流圏オゾンに対して，成層圏オゾン，とくにオゾン密度の高いオゾン層は，生物にとって有害な太陽からの紫外線を吸収し，地上の生態系を保護している．成層圏オゾンは，以下の反応で生成される．

$$O_2 + h\nu \longrightarrow 2O \qquad O + O_2 \longrightarrow O_3$$

$h\nu$ とは光（太陽からの紫外線）のエネルギーを表している．

　一方，成層圏内オゾンは，酸素原子と反応して2つの酸素分子に変化し，消失する．すなわち，

$$O + O_3 \longrightarrow 2O_2$$

10.3 対流圏と成層圏のオゾン

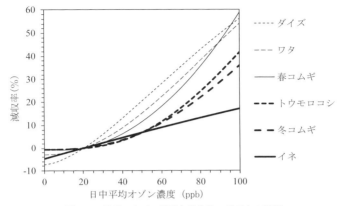

図 10.7 地表のオゾン濃度と農作物の収量との関係
日中平均濃度 20 ppb に対して，オゾンの濃度上昇に伴う主要な作物の減収率を示している．

　もともと成層圏内オゾン層はこのように生成と消失のバランスにより濃度が保たれている．ところが，1970年代以降，人工的に作り出された物質であるクロロフルオロカーボン類（CFC類：フロンとも呼ぶ）と N_2O ガスは，大気中の濃度が上昇し，かつ対流圏で分解しにくいため，徐々に成層圏へ移動し，オゾン層を破壊してしまうことになる．その結果，地球に届く紫外線の量が増え，人類を含む動植物に悪影響を与えた．フロンは，1990年モントリオール議定書第2回締約国会合で，2000年までに全廃することが決まり，今世紀に入ると，一酸化二窒素（N_2O）が，オゾン層をもっとも破壊する物質となっている（Ravishankara *et al.*, 2009）．

　対流圏の N_2O が成層圏まで移動すると，以下の反応でオゾン層を破壊する．

$$N_2O + h\nu \longrightarrow N_2 + O$$
$$N_2O + O \longrightarrow 2NO$$
$$NO + O_3 \longrightarrow NO_2 + O_2$$
$$O + NO_2 \longrightarrow NO + O_2$$
$$O + O_3 \longrightarrow 2O_2$$

　したがって，土壌からの温室効果ガス N_2O 放出量の削減は，地球温暖化の緩和だけではなく，オゾン層の保護にも役に立つ．

10.4 酸性降下物

酸性降下物は，湿性，乾性を問わず大気を経由して地表に降下してくるすべての酸性物質である．その内，雨・雪・霧などの湿性の降下物（酸性雨）の他に，ガスや粒子状の形態で降下してくる乾性の降下物も含まれる．大気中の酸性物質は，火山活動，雷（稲妻），自然火災などの自然由来の部分もあるが，産業規模の拡大に伴い，石炭や石油などの化石燃料の燃焼と施肥などによって発生した硫黄酸化物と窒素酸化物に由来する部分が増加している．これらの酸化物は，大気中を移動しながら，化学反応を繰り返し，硫酸イオンと硝酸イオンとなり，最終的には地表に降下する．また，発生源から大気中を長距離輸送され，数百km以上離れた所に降下することが多く見られる．その場合，酸性降下物の問題は地域の問題にとどまらず，国境を越える地球規模の環境問題と見なされている（服部, 1999）．その動向を監視するために世界各国が協力して様々な観測・分析を行っている．WMOの推進する全球大気監視（GAW）計画のもとで，ヨーロッパや北米を中心とする約200の観測点で降水の化学成分の測定が行われている．

硫黄酸化物と窒素酸化物が大気中に酸性物質を生成する反応は，以下の式で示す．

$$2SO_2 + O_2 \longrightarrow 2SO_3$$
$$SO_3 + H_2O \longrightarrow H_2SO_4$$
$$2NO + O_2 \longrightarrow 2NO_2$$
$$2NO_2 + H_2O \longrightarrow HNO_3 + HNO_2$$

湿性降下物が酸性雨であるかどうかの判断指標には，pHが用いられており，酸性度が強いほどpHは低くなる．純水（中性）のpHは7であるが，降水には大気中のCO_2が溶け込むため，人為起源の大気汚染物質がなかったとしてもpHは7よりも低く，約5.6となる．そのため，pH 5.6が酸性雨の1つの目安となる．ただ，火山やアルカリ土壌など周辺の状況によって本来の降水のpHは変わることがある．酸性降下物は，直接に農作物を含む植物の生育に影響を与える一方，間接的に土壌の酸性化を介して，土壌の交換性塩基（Ca^{2+}，Mg^{2+}，K^+，Na^+など）の減少，アルミニウムの可溶化，土壌微生物活性の低下，重金属の可動化などを引き起こす．その結果，広域的な森林破壊をもたらす．また，酸性雨は自然環境だけではなく，銅像などの文化財や建造物の損傷などでも影響を及ぼす．

10.5 土壌の劣化と汚染

　土壌は多くの機能を持っている．その中で，陸上の植物を育てる生産機能，有機物や化学物質を分解し浄化する分解浄化機能，養分・水分を保持する保持機能はもっとも重要な3大機能である．土壌は作物生産の立場からの生産機能が限りなく維持向上でき，あらゆる環境浄化能を有する土壌微生物が存在するとわれわれ人類の間では信じられていた．しかし，増加し続ける人口と拡大し続ける経済活動が，土壌の生産機能に負荷をかけすぎていると同時に，様々な環境汚染物質を作り出し，最後に土壌中に蓄積され，土壌の劣化と汚染を引き起こしている．

　土壌劣化は，風・水侵食，酸性化，塩類化，砂漠化，各種汚染などによる土壌の生物性，化学性と物理性の劣化のことである．土壌劣化によって，土壌の生産機能，環境浄化能と養分・水分の保持機能が低下し，もしくはなくなる．2011年に国連食糧農業機関（FAO）が，発表した『食料と農業のための世界土地・水資源白書(SOLAW : The State of the World's Land and Water Resources for Food and Agriculture)』によると，世界の土地の25％が「著しく劣化」しており（図10.8 タイプ1），「軽微に，あるいは中程度に劣化した」土地（図10.8のタイプ2とタイプ3）は44％，「改良途上にある」土地は10％に過ぎなかった．また，劣化している土壌の約40％が，最貧地域に位置していた．

10.5.1　土壌の風・水侵食

　土壌侵食は，降雨，融雪水，流水など水の作用に起因して土壌が流亡する水食と，風の作用によって土壌が飛散する風食に分けられる．そのうち，水食によって失われる土壌は，全世界合計で1年当たり200億-300億tと推計されている．これは，岩手全県の表層1mの土壌の量に相当する．風食による土壌の損失量の推計値には不確実性が大きいが，水食による損失量の10分の1程度であると考えられている．一般に，耕起を伴う農地としての土地利用は土壌侵食が生じやすく，とくに，降雨量の多い地域や傾斜地はその脆弱性が高い．現在進行している土壌侵食は，世界の食料生産の増加を毎年0.3％の割合で抑制していると推計されている．この状態が2050年まで継続すると，食料生産の損失は約10％に達すると推計されている（八木，2015）．土壌侵食によってその土地の外へ出た土壌粒子は，河川を通じて湖沼や海洋の底に堆積し，土壌粒子に吸着されていた栄養分がそこ

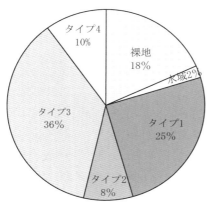

図 10.8 世界における土地の劣化の現況と傾向
八木 (2015) より引用.

で溶け出して，水質の富栄養化の原因となる．また，風によって大気中に舞い上げられた土壌粒子が，人間や動物の健康に影響を及ぼすこともある．土壌風・水侵食の防止対策としては，色々な防風施設と土木工事を整備することが必要だが，地表の植生の保護と適正的な土地管理は最も重要である．

10.5.2 土壌の塩類集積

　土壌の化学性の変化によって引き起こされる酸性化と塩類集積は世界各地で広く見られ，いずれも，ある一定値を超えると，作物生産に深刻な影響を与える脅威である．土壌の酸性化は，土壌中の塩基が，降水によって溶脱されるとともに，肥料や大気降下物からの酸性物質の負荷によって引き起こされ，降水量の多い地域に発生する問題である．一方，土壌の塩類集積は，降水量が少ない乾燥地域における土壌劣化問題である．塩類集積の生成過程は，人類との関わりの有無によって，大きく2つに分けることができる．すなわち，1次的（自然的）塩類集積と2次的（人為的）塩類集積である．前者が長期間かけて自然に起こる塩類集積であるのに対し，後者は灌漑農業など人類の営みに起因して比較的短期間に起こる塩類集積である．1次的塩類集積は自然のプロセスとして，高い濃度の塩を含む母材，地下水，あるいは降雨に含まれる塩の長期間の蓄積により起こる．2次的塩類集積は人間の介在により生じ，塩を多く含む水を使った灌漑や不十分な排

水などの不適切な灌漑管理が原因となる．この問題のある土壌は世界の 100 か国以上に存在する．とくに深刻な問題として，不適切な農地管理による塩類集積によって，放棄された農地が世界の各地に見られる．塩類化は作物生産量を減少させ，閾値に達すると作物生産が完全に不可能となる．人為的な塩類集積の最大の原因は，誤った設計による広域的な灌漑計画である．乾燥地の灌漑農地で問題になるのは，不適切な水管理の結果生ずる根群域への塩類集積である．排水の不良な農地では灌漑によって下層に停滞水が形成され，それが毛管間隙で地表面とつながると，旺盛な蒸発に伴い，土壌溶液中の可溶性塩類が毛管上昇により地表面に到達し，塩類集積が進行する．水に溶けやすく結晶化しやすい塩類で構成される場合，塩クラストが形成される．このような過程を塩性化というが，この過程でナトリウムが過剰に含まれる場合は，ソーダ質化する．塩類土壌は集積する可溶性塩類の量と組成によって塩性土壌とソーダ質土壌，それに両者の特性を有する塩性ソーダ質土壌の 3 つに大別される（北村，2015）．

10.5.3　土壌の砂漠化

砂漠化とは「乾燥地・半乾燥地・乾燥半湿潤地帯において，気候変動，人間活動など様々な要因に起因して起こる土地の劣化」と定義されている．前述の土壌の侵食および塩類集積も砂漠化をもたらす原因になっている．砂漠化の原因は大きく気候的要因と人為的要因に分けられる．最近では，人間による原因が深刻化している．気候的要因としては，上述の地球温暖化などによって降雨パターンが変化し蒸発散量が降水量を上回り，干魃が起こる．その結果，土壌中での水の移動は上向きになり，土壌が塩類集積され，作物の生育が困難になり，次第に砂漠化していく．サハラ砂漠南縁のサヘル地帯などで過去 100 年に著しく砂漠化したのは，その代表事例である．

また，砂漠化の人為的要因としては，過放牧，薪炭材の過剰採集，過開墾，不適切な水管理による塩類集積などが挙げられる．これらは植生の減少，土壌侵食の増大，表層土壌への塩類集積を引き起こし，土壌の劣化，土地の生産力の減退をもたらしている．砂漠化の背景には当該地域住民の貧困と急激な人口増といった社会・経済的な要因が存在する．

10.5.4 土壌汚染

土壌汚染は，土壌が有害物質によって汚染されることである．有害物質の種類によって，土壌汚染は，おもに重金属汚染，農薬汚染と放射性降下物汚染などが挙げられる．

土壌汚染を引き起こす重金属としてカドミウム (Cd)，銅 (Cu)，ヒ素 (As)，亜鉛 (Zn)，水銀 (Hg)，鉛 (Pb)，ニッケル (Ni)，クロム (Cr)，コバルト (Co) などが知られる．この中で，ヒ素は，非金属でありながら，土壌中で分解され消滅することはないという点で重金属と類似しているため，重金属と同じように扱われている．また，銅と亜鉛は植物に必須の元素であり，鉛，クロムとコバルトは動物に必須の元素である．動植物に必須の元素が土壌汚染物質とされるのは，これらの元素が土壌中に高濃度で存在すると，植物による吸収と動物による摂取を通じて，人類の健康被害を引き起こしてしまうからである．土壌の重金属汚染の原因は以下のことが挙げられる．鉱物の採掘やそれらを原材料とした精錬中に放出される重金属が排煙・排水を通じて周辺地域の農耕地に降下すること；地質的にもともと岩石中の重金属濃度が高い地域に農耕地を開発すること；様々なごみ（たとえば電池や蛍光灯など）に含まれた重金属が土壌へ拡散されること；下水処理汚泥や畜産廃棄物を農耕地に施用するとき，その中で濃縮された重金属が土壌中に付加されたこと，などがある．土壌中でこれらの重金属は様々な形態をとり，植物や微生物に吸収されたり代謝されたりする．水田では湛水後，還元状態が発達する嫌気性の硫酸還元細菌によって硫化物イオンが生成され，これが重金属イオンと反応して硫化物となり，溶解度が低下して植物には吸収されなくなる．たとえば，カドミウム汚染水田でイネを栽培する場合は，常時湛水すると，可溶性なカドミウムが，$Cd^{2+} + H_2S \longrightarrow CdS + 2H^+$ の反応で，硫化カドミウムとして沈殿し，稲のカドミウムの吸収を抑制することができる．一方，常時湛水すると，水田からの温室効果ガス CH_4 の放出量が増え，地球温暖化の防止の視点から不都合になる．このことから，環境問題の対策を講じるとき，色々なトレード・オフ関係を考えることが必要である．また，農薬の分解も土壌の酸化還元状況により半減期が大きく変わる．有機塩素 DDT の土壌中の半減期は，畑地状態では 45000 年以上であるが，湛水状態で 7-45 年しかないという報告もある（片山・山本，1999，その他第 4 章参照）．

土壌汚染の物質の中で，近年問題視されているものは放射性物質である．土壌

には，半減期が12.5億年あるカリウム40（^{40}K）をはじめとして，自然に常時存在する放射性物質がある．カリウムは生体にとって必須元素であり積極的に吸収されるため，^{40}Kは体内につねに存在している．このような自然放射性物質は有史以前から存在していたが，20世紀半ばから，核実験や原発事故により大気環境中に放出された人工放射性物質ストロンチウム90（^{90}Sr），セシウム137（^{137}Cs）などが地表に降下して，土壌に付加されている．大気圏核実験が盛んであった1960年代–1970年代には，このような放射性降下物質によって汚染された農作物による人体への影響が不安視されていた時期があり，現在でも原子力関連施設の事故時には人体への影響が懸念される．とくに，2011年3月11日に発生した福島第一原発事故により大量の放射性核種が環境中に放出されたことがあり，土壌–植物系における放射性降下物の挙動に関する調査および対策は，国と県の研究者らによって総力を挙げて行われている（山口他，2012；神山他，2016）．

程　為国・犬伏和之

引用文献

本書引用文献・参考文献の書誌情報は，朝倉書店ウェブサイト（https://www.asakura.co.jp/）よりダウンロードできます．検索の際にご活用ください．

第1章

Rockström, J. *et al.*：A safe operating space for humanity. *Nature*, **461**, 472-475, 2009.

Van Kauwenbergh, S. J.：World Phosphate Rock Reserves and Resources. *IFDC Technical Bulletin*, **75**, 2010.

第2章

Woese, C. R. *et al.*：Towards a natural system of organisms：Proposal for the domains Archaea, Bacteria and Eucarya. *PNAS*, **87**, 4576-4579, 1990.

第3章

気象庁：IPCC 温室効果ガス排出シナリオ A1B を用いた非静力学地域気候モデルによる日本の気候変化予測　第3章　降水の将来予測．地球温暖化予測情報，**8**，2013.
http://www.data.jma.go.jp/cpdinfo/GWP/Vol8/pdf/03.pdf

塩入松三郎：休閑期に於ける水田土壌乾燥の効果に就て．農事試験場報告，**64**，1-24, 1948.

関　鋼他：土壌中の微生物バイオマス量と理化学性の関係：火山灰土壌と非火山灰土壌の比較．日本土壌肥料學雜誌，**68**，614-621, 1997.

日本土壌微生物学会編：改訂新土壌微生物実験法，養賢堂，2012.

Anderson, T. H. and K. H. Domsch：Soil microbial biomass：the eco-physiological approach. *Soil Biol. Biochem.*, **42**, 2039-2043, 2010.

Anderson, T. H. and R. Martens：DNA determinations during growth of soil microbial biomasses. *Soil Biol. Biochem.*, **57**, 487-495, 2013.

Birch, H.：The effect of soil drying on humus decomposition and nitrogen availability. *Plant Soil*, **10**, 9-31, 1958.

引 用 文 献

Blagodatskaya, E. V. *et al.*: Priming effects in Chernozem induced by glucose and N in relation to microbial growth strategies. *Appl. Soil Ecol.*, **37**, 95-105, 2007.

Carvalhais, N. *et al.*: Global covariation of carbon turnover times with climate in terrestrial ecosystems. *Nature*, **514**, 213-217, 2014.

Cheng, W.: Rhizosphere priming effect: its functional relationships with microbial turnover, evapotranspiration, and C-N budgets. *Soil Biol. Biochem.*, **41**, 1795-1801, 2009.

Cleveland, C. C., D. Liptzin: C : N : P stoichiometry in soil: is there a "Redfield ratio" for the microbial biomass? *Biogeochemistry*, **85**, 235-252, 2007.

de Vries, F. T. *et al.*: Land use alters the resistance and resilience of soil food webs to drought. *Nat. Clim. Change*, **2**, 276-280, 2012.

Garcia-Pausas, J. and E. Paterson: Microbial community abundance and structure are determinants of soil organic matter mineralisation in the presence of labile carbon. *Soil Biol. Biochem.*, **43**, 1705-1713, 2011.

Herai, Y. *et al.*: Relationships between microbial biomass nitrogen, nitrate leaching and nitrogen uptake by corn in a compost and chemical fertilizer-amended regosol. *Soil Sci. Plant Nutr.*, **52**, 186-194, 2006.

IPCC: *Climate Change 2007 : The Physical Science Basis, Contribution of Working Group I to the Fourth Assessment Report of the Intergovernmental Panel on Climate Change* (Solomon, S. *et al.* eds.), Cambridge University Press, 2007.

Joergensen, R. G. and C. Emmerling: Methods for evaluating human impact on soil microorganisms based on their activity, biomass, and diversity in agricultural soils. *J. Plant Nutr. Soil Sci.*, **169**, 295-309, 2006.

Kemmitt, S. J. *et al.*: Mineralization of native soil organic matter is not regulated by the size, activity or composition of the soil microbial biomass—A new perspective. *Soil Biol. Biochem.*, **40**, 61-73, 2008.

Lawrence, C. R. *et al.*: Does adding microbial mechanisms of decomposition improve soil organic matter models? A comparison of four models using data from a pulsed rewetting experiment. *Soil Biol. Biochem.*, **41**, 1923-1934, 2009.

Mishima, S. *et al.*: Recent trend in residual nitrogen on national and regional scales in Japan and its relation with groundwater quality. *Nutr. Cycl. Agroecosys.*, **83**, 1-11, 2009.

Sawada, K. *et al.*: Short-term respiration responses to drying-rewetting in soils from different climatic and land use conditions. *Appl. Soil Ecol.*, **103**, 13-21, 2016.

Sayer, E. J. *et al.*: Soil carbon release enhanced by increased tropical forest litterfall. *Nat. Clim. Change*,

1, 304-307, 2011.

Schimel, J. P. and M. N. Weintraub：The implications of exoenzyme activity on microbial carbon and nitrogen limitation in soil：a theoretical model. *Soil Biol. Biochem.*, **35**, 549-563, 2003.

Singh, J. S. *et al.*：Microbial biomass acts as a source of plant nutrients in dry tropical forest and savanna. *Nature*, **338**, 499-500, 1989.

Sugihara, S *et al.*：Dynamics of microbial biomass nitrogen in relation to plant nitrogen uptake during the crop growth period in a dry tropical cropland in Tanzania. *Soil Sci. Plant Nutr.*, **56**, 105-114, 2010.

Sugihara, S *et al.*：Effect of land management on soil microbial N supply to crop N uptake in a dry tropical cropland in Tanzania. *Agric. Ecosyst. Environ.*, **146**, 209-219, 2012.

Xiang, S. R. *et al.*：Drying and rewetting effects on C and N mineralization and microbial activity in surface and subsurface California grassland soils. *Soil Biol. Biochem.*, **40**, 2281-2289, 2008.

第 4 章

青木健次：微生物の環境保全への利用．微生物学（青木健次編著），化学同人，pp.185-203，2007．

末永　光他：微生物によるポリ塩化ビフェニル（PCB）の分解：最近の遺伝生化学的研究．環境バイオテクノロジー学会誌，**2**，1-12，2002．

津田雅孝他：多重染色体性の *Burkholderia multivorans* のゲノム構造と土壌でのゲノム情報発現．土と微生物，**62**，93-97，2008．

中津智史・田村　元：30 年間の有機物（牛ふんバーク堆肥および収穫残さ）連用が北海道の淡色黒ボク土の全炭素，全窒素および物理性に及ぼす影響．日本土壌肥料学雑誌，**79**，139-145，2008．

福田雅夫他：*Rhodococcus* 属細菌の PCB 分解システム．重複遺伝子による多重酵素系．蛋白質 核酸 酵素，**50**，1541-1547，2005．

溝田千尋他：十勝地域の未耕地および農耕地における土壌断面形態と層厚の相違．ペドロジスト，**52**，19-34，2008．

八木哲生他：牛ふんバーク堆肥を 25 年間連用した淡色黒ボク土畑土壌のリン酸吸着能．日本土壌肥料学雑誌，**81**，594-597，2010．

Abbasian, F. *et al.*：A comprehensive review of aliphatic hydrocarbon biodegradation by bacteria. *Appl. Biochem. Biotechnol.*, **170**, 670-699, 2015.

Brady, N. C. and R. R. Wail：*Soil organic matter. The Nature and Properties of Soils*, Pearson Education, pp. 495-541, 2008.

Eswaran, H. *et al.*：Global carbon stocks. *Global Climate Change and Pedogenic Carbonates*, Lewis Publishers, pp.15-26, 2000.

Francisco, P. B. Jr et al. : The chlorobenzoate dioxygenase genes of *Burkholderia* sp. strain NK8 involved in the catabolism of chlorobenzoates. *Microbiology*, **147**, 121-133, 2001.

Harwood, C. S. and R. E. Parales : The β-ketoadipate pathway and the biology of self-identity. *Annu. Rev. Microbiol.*, **50**, 553-590, 1996.

Iino, T. et al. : Specific gene responses of *Rhodococcus jostii* RHA1 during growth in soil. *Appl. Environ. Microbiol.*, **78**, 6954-6962, 2012.

IPCC : *Climate change 2007 : The physical science basis. Summary for policymakers*, Online Available by Intergovernmental Panel on Climate Change, United Nations, 2007.

Jugder, B-E. et al. : Reductive dehalogenases come of age in biological destruction of organohalides. *Trends Biotechnol.*, **33**, 595-610, 2015.

Kawai, F : The Biochemistry and Molecular Biology of Xenobiotic Polymer Degradation by Microorganisms. *Biosci. Biotech. Biochem.*, **74**, 1743-1759, 2010.

Lal, R. : Carbon sequestration, *Philos. Trans. Royal Soc. B*, **363**, 815-830, 2008.

Lipscomb, J. D. : Mechanism of extradiol aromatic ring-cleaving dioxygenases. *Curr. Opin. Struct. Biol.*, **18**, 644-649, 2008.

Liu, S. et al.: Amino acids in positions 48, 52, and 73 differentiate the substrate specificities of the highly homologous chlorocatechol 1,2-dioxygenases, CbnA and TcbC. *J. Bacteriol.*, **187**, 5427-5436, 2005.

Lombard, N. et al. : Soil-specific limitations for access and analysis of soil microbial communities by metagenomics. *FEMS Microbiol. Ecol.*, **78**, 31-49, 2011.

McBratney, A. B. et al. : Challenges for soil organic carbon research. *Soil Carbon*, Springer Science, pp.3-16, 2014.

Monger, H. C. : Soils as generators and sinks of inorganic carbon in geologic time. *Soil Carbon*, Springer Science, pp.27-36, 2014.

Morikawa, M. : Dioxygen activation responsible for oxidation of aliphatic and aromatic hydrocarbon compounds : current state and variants. *Appl. Microbiol. Biotechnol.*, **87**, 1595-1603, 2010.

Morimoto, S. et al. : Isolation of effective 3-chlorobenzoate-degraders in soil using community analysis by PCR-DGGE. *Microb. Environ.*, **23**, 285-292, 2008.

Nojiri, H. et al. : Divergence of mobile genetic elements involved in the distribution of xenobiotic-catabolic activity. *Appl. Microbiol. Biotechnol.*, **64**, 154-174, 2004.

Ogawa, N. et al. : Degradative Plasmids. In : *Plasmid Biology* (Funnell, B. E. and G. J. Phillips eds.),

American Society for Microbiology, pp.341-376, 2004.

Reineke, W : Development of hybrid strains for the mineralization of chloroaromatics by patchwork assembly. *Annu. Rev. Microbiol.*, **52**, 287-331, 1998.

Topp, E. *et al.* : Pesticides ; microbial degradation and effects on microorganisms. In : *Modern soil microbiology* (van Elsas, J. *et al.* eds.), Marcel Dekker, pp.547-575, 1997.

Tropel, D. and J.R. van der Meer : Bacterial Transcriptional Regulators for Degradation Pathways of Aromatic Compounds. *Microbiol. Mol. Biol. Rev.*, **68**, 474-500, 2004.

Vaillancourt, F.H. *et al.* : Ring-cleavage dioxygenases. In : *Pseudomonas Vol.3, Biosynthesis of Macromolecules and Molecular Metabolism* (Ramos, J-L. ed.), Kluwer Academic/Plenum Publishers, pp.359-395, 2004.

van der Meer, J.R. *et al.* : Evolution of a pathway for chlorobenzene metabolism leads to natural attenuation in contaminated groundwater. *Appl. Environ. Microbiol.*, **64**, 4185-4193, 1998.

Wang, Y. *et al.* : A survey of the cellular responses in *Pseudomonas putida* KT2440 growing in sterilized soil by microarray analysis. *FEMS Microbiol. Ecol.*, **78**, 220-232, 2011.

Wittich, R.-M. *et al.* : Metabolism of dibenzo-*p*-dioxin by *Sphingomonas* sp. strain RW1. *Appl. Environ. Microbiol.*, **58**, 1005-1010, 1992.

Zhang, W. *et al.* : Bacteria-mediated bisphenol A degradation. *Appl. Microbiol. Biotechnol.*, **97**, 5681-5689, 2013.

第5章

青木健次：微生物学，化学同人，2007.

木村眞人他：土壌生化学，朝倉書店，1994.

坂本一憲：地下水系の硝酸汚染問題，地下水質の基礎（日本地下水学会編），理工図書，pp.107-112, 2000.

高谷直樹・祥雲弘文：低酸素環境下でのカビの呼吸と発酵．バイオサイエンスとインダストリー，**63**, 233-236, 2005.

西尾道徳：農業生産環境調査にみる我が国の窒素施用実態の解析．日本土壌肥料学雑誌，**72**, 513-521, 2001.

フェンチェル, T. 他著，太田寛行他訳：微生物の地球化学 元素循環をめぐる微生物学 第3版，東海大学出版部，2015.

森泉美穂子・松永俊朗：土壌の有機態窒素の化学形態．日本土壌肥料学雑誌，**80**, 304-309, 2009.

Arai, H. *et al.* : Cascade regulation of the two CRP/FNR-related transcriptional regulators (ANR and

DNR) and the denitrification enzymes in Pseudomonas aeruginosa. *Mol. Microbiol.*, **25**, 1141-1148, 1997.

Cleveland, C. C. and D. Liptzin：C：N：P stoichiometry in soil：is there a "Redfield ratio" for the microbial biomass? *Biogeochemistry*, **85**, 235-252, 2007.

Daims, H. *et al.*：Complete nitrification by *Nitrospira* bacteria. *Nature*, **528**, 504-509, 2015.

Fowler, D. *et al.*：The global nitrogen cycle in the twenty-first century. *Philos. Trans. Royal Soc. B*, **368**：20130164, 2013.

Haichar, F. e. Z. *et al.*：Root exudates mediated interactions belowground. *Soil Biol. Biochem.*, **77**, 69-80, 2014.

Hino, T. *et al.*：Structural basis of biological N_2O generation by bacterial nitric oxide reductase. *Science*, **330**, 1666-1670, 2010.

Hira, D. *et al.*：Anammox organism KSU-1 expresses a NirK-type copper-containing nitrite reductase instead of a NirS-type with cytochrome cd_1. *FEBS Letter*, **586**, 1658-1663, 2012.

Hu, Z. *et al.*：Metagenome analysis of a complex community reveals the metabolic blueprint of anammox bacterium "*Candidatus* Jettenia asiatica". *Front. Microbiol.*, **3**, 366, 2012.

Leininger, S. *et al.*：Archaea predominate among ammonia-oxidizing prokaryotes in soils. *Nature*, **442**, 806-809, 2006.

Palya, A. P. *et al.*：Storage and mobility of nitrogen in the continental crust：Evidence from partially melted metasedimentary rocks, Mt. Stafford, Australia. *Chem. Geol.*, **281**, 211-226, 2011.

Sato, Y. *et al.*：Detection of anammox activity and 16S rRNA genes in ravine paddy field soil. *Microb. Environ.*, **27**, 316-319, 2012.

Shoun, H. *et al.*：Denitrification by fungi. *FEMS Microbiol. Lett.*, **94**, 277-281, 1992.

Smith, P. *et al.*：Agriculture. In：*Climate Change 2007：Mitigation. Contribution of Working Group III to the Fourth Assessment Report of the Intergovernmental Panel on Climate Change* (Metz, B. *et al.* eds.), Cambridge University Press, 2007.

Takaya, N. and H. Shoun：Nitric oxide reduction, the last step of the fungal denitrification by Fusarium oxysporum, is obligatorily mediated by cytochrome P450nor. *Mol. Genet. Genomics*, **263**, 342-348, 2000.

Takaya, N. *et al.*：Transcriptional control of nitric oxide reductase gene (CYP55) in the fungal denitrifier Fusarium oxysporum. *Biosci. Biotech. Biochem.*, **66**, 1039-1045, 2002.

van de Graaf, A. A. *et al.*：Anaerobic oxidation of ammonium is a biologically mediated process. *Appl.*

Environ. Microbiol., **61**, 1246-1251, 1995.

van Kessel, M. A. *et al.*：Complete nitrification by a single microorganism. *Nature*, **528**, 555-559, 2015.

第 6 章

黒田章夫：微生物におけるポリリン酸代謝制御機構の解明と利用．生物工学会誌，**81**(3), 104-111, 2003.

夏池真史他：自然水中における鉄の化学種と生物利用性 ―鉄と有機物の動態からみる森・川・海のつながり―．水環境学会，**39**(6), 197-210, 2016.

国立天文台編：理科年表 第 91 冊．2017.

松井三郎・立脇征弘：硫黄脱窒菌．環境技術，**18**(6), 373-377, 1989.

Gledhill, M. and K. N. Buck：The organic complexation of iron in the marine environment：a review. *Front. Microbiol.*, **3**(69), 1-17, 2012.

Kettle A. J. *et al.*：Global budget of atmospheric carbonyl sulfide：Temporal and spatial variations of the dominant sources and sinks. *J. Geophys. Res.*, **107**, 4658-4673, 2002.

Willsky, G. L. and M. H. Malamy：Characterization of two genetically separable inorganic phosphate transport systems in *Escherichia coli. J. Bacteriol.*, **144**(1), 356-365, 1980.

第 8 章

金沢晋二郎・高井康雄：水田土壌の植物遺体および土壌粒子画分の微生物特性．日本土壌肥料学雑誌，**51**, 461-467, 1980.

Bandick, A. K. and R. P. Dick：Field management effects on soil enzyme activities. *Soil Biol. Biochem.*, **31**, 1471-1479, 1999.

Bastida, F. *et al.*：Past, present and future of soil quality indices：A biological perspective. *Geoderma*, **147**, 159-171, 2008.

Bowles, T. M. *et al.*：Soil enzyme activities, microbial communities, and carbon and nitrogen availability in organic agroecosystems across an intensively-managed agricultural landscape. *Soil Biol. Biochem.*, **68**, 252-262, 2014.

Burns, R. G. *et al.*：Soil enzymes in a changing environment：Current knowledge and future directions. *Soil Biol. Biochem.*, **58**, 216-234, 2013.

Dick, R. P.：A review：long-term effects of agricultural systems on soil biochemical and microbial parameters. *Agric. Ecosyst. Environ.*, **40**, 25-36, 1992.

Dick, R. P.：Soil enzyme activities as indicators of soil quality. In：*Defining soil quality for a sustainable environment.* SSSA Special Publication 35 (Doran, J. W. *et al.* eds.), Soil Science Society of America, Inc., American Society of Agronomy, Inc., 1994.

Doran, J. W. and T. B. Parkin : Defining and assessing soil quality. In : *Defining soil quality for a sustainable environment.* SSSA Special Publication 35 (Doran, J. W. *et al.* eds.), Soil Science Society of America, Inc., American Society of Agronomy, Inc., 1994.

Mina, B. L. *et al.* : Changes in soil nutrient content and enzymatic activity under conventional and zero-tillage practices in an Indian sandy clay loam soil. *Nutr. Cycl. Agroecosyst.,* **82**, 273-281, 2008.

Sinsabaugh, R. L. and J. J. Follstad Shah : Ecoenzymatic stoichiometry and ecological theory. *Annu. Rev. Ecol. Evol. Syst.,* **43**, 313-343, 2012.

Zhang, Y.-L. and Y.-S. Wang : Soil enzyme activities with greenhouse subsurface irrigation. *Pedosphere,* **16**, 512-518, 2006.

第9章

伊藤真一他:アブラナ科野菜根こぶ病菌検出のための single-tube nested PCR. 日本植物病理学会大会講演要旨,p.32, 1997.

伊藤英臣・妹尾啓史:水田土壌のメタゲノム・メタトランスクリプトーム解析. 水環境学会誌, **35**(9), 2012.

井上康宏・中保一浩:最確数(Most Probable Number)と Bio-PCR 法を応用した,MPR-PCR 法による青枯病菌の高感度定量検出法. 植物防疫,**69**(7),439-443, 2015.

北海道立十勝農業試験場・北海道北見農業試験場・北海道立中央農業試験場編:北海道農業試験場会議(成績会議)資料. ばれいしょのそうか病総合防除, p.68, 2004.

Banno, S. *et al.* : Quantitative nested real-time PCR detection of *Verticillium longisporum* and *V. dahliae* in the soil of cabbage fields. *J. Gen. Plant Pathol.,* **77**, 282-291, 2011.

Buckley, D. H. *et al.* : Stable Isotope Probing with $^{15}N_2$ Reveals Novel Noncultivated Diazotrophs in Soil. *Appl. Environ. Microbiol.,* **73**(10), 3196-3204, 2007.

Cupples, A. M. and G. K. Sims : Identification of in situ 2,4-dichlorophenoxyacetic acid-degrading soil microorganisms using DNA-stable isotope probing. *Soil Biol. Biochem.,* **39**(1), 232-238, 2007.

Hori, T. *et al.* : Identification of iron-reducing microorganisms in anoxic rice paddy soil by ^{13}C-acetate probing. *ISME J.,* **4**, 267-278, 2010.

Horita, M. *et al.* : PCR-based specific detection of Ralstonia solanacearum race 4 strains. *J. Gen. Plant Pathol.,* **70**(5), 278-283, 2004.

Inami, K. *et al.*：Real-time PCR for differential determination of the tomato wilt fungus, *Fusarium oxysporum* f. sp. *lycopersici*, and its races. *J. Gen. Plant Pathol.*, **76**(2), 116–121, 2010.

Ito, T. *et al.*：Detection of Phomopsis sclerotioides in Commercial Cucurbit Field Soil by Nested Time-Release PCR. *Plant Dis.*, **96**(4), 515–521, 2012.

Jia, Z. and R. Conrad：*Bacteria* rather than *Archaea* dominate microbial ammonia oxidation in an agricultural soil. *Environ. Microbiol.*, **11**(7), 1658–1671, 2009.

Kageyama, K. *et al.*：Refined PCR protocol for detection of plant pathogens in soil. *J. Gen. Plant Pathol.*, **69**(3), 153–160, 2003.

Kashiwa, T. *et al.*：Detection of cabbage yellows fungus *Fusarium oxysporum* f. sp. *conglutinans* in soil by PCR and real-time PCR. *J. Gen. Plant Pathol.*, **82**(5), 240–247, 2016.

Li, M. *et al.*：Development of real-time PCR technique for the estimation of population density of Pythium intermedium in forest soils. *Microbiol. Res.*, **165**(8), 695–705, 2010.

Li, M. *et al.*：A Multiplex PCR for the Detection of *Phytophthora nicotianae* and *P. cactorum*, and a Survey of Their Occurrence in Strawberry Production Areas of Japan. *Plant Dis.*, **95**(10), 1270–1278, 2011.

Li, M. *et al.*：Simultaneous Detection and Quantification of *Phytophthora nicotianae* and *P. cactorum*, and Distribution Analyses in Strawberry Greenhouses by Duplex Real-time PCR. *Microb. Environ.*, **28**(2), 195–203, 2013.

Lu, Y. and R. Conrad：In Situ Stable Isotope Probing of Methanogenic Archaea in the Rice Rhizosphere. *Science*, **309**(5737), 1088–1090, 2005.

Masuda, Y. *et al.*：Predominant but previously-overlooked prokaryotic drivers of reductive nitrogen transformation in paddy soils, revealed by metatranscriptomics. *Microb. Environ.*, **32**(2), 180–183, 2017.

Murase, J. and P. Frenzel：A methane-driven microbial food web in a wetland rice soil. *Environ. Microbiol.*, **9**(12), 3025–3034, 2007.

Nishizawa, T. *et al.*：Molecular characterization of fungal communities in non-tilled, cover-cropped upland rice field soils. *Microb. Environ.*, **25**(3), 204–210, 2010.

Rasche, F. *et al.*：DNA-based stable isotope probing enables the identification of active bacterial endophytes in potatoes. *New Phytol.*, **181**(4), 802–807, 2009.

Saito, T. *et al.*：Identification of Novel Betaproteobacteria in Succinate-Assimilating Population in a Denitrifying Rice Paddy Soil by Using Stable Isotope Probing. *Microb. Environ.*, **23**(3), 192–200, 2008.

Tyson, G. W. *et al.*：Community structure and metabolism through reconstruction of microbial genomes from the environment. *Nature*, **428**, 37-43, 2004.

Venter, J. C. *et al.*：Environmental Genome Shotgun Sequencing of the Sargasso Sea. *Science*, **304**(5667), 66-74, 2004.

Wei, W. *et al.*：N_2O emission from cropland field soil through fungal denitrification after surface applications of organic fertilizer. *Soil Biol. Biochem.*, **69**, 157-167, 2014.

第10章

浅川　晋：メタン生成古細菌の特徴と水田土壌における生態．土と微生物，**52**，33-39，998．

片山新太・山本広基：農薬と土壌微生物．新・土の微生物（4）環境問題と微生物（日本土壌微生物学会編），博友社，pp.29-70，1999．

神山和則他：福島第一原発事故後の農地土壌における放射線セシウム濃度データセット（2011-2014年）．農業環境技術研究所報告，**35**，1-102，2016．

北村義信：乾燥地における塩類集積の脅威と対策．ARDEC，**53**，2015．
http://www.jiid.or.jp/ardec/ardec53/ard53_key_note3.html

小林和彦：対流圏オゾンが農作物生産に及ぼす影響の評価．大気環境学会誌，**34**，162-175，1999．

高田祐介他訳：世界土壌資源報告：要約報告書．農業環境技術研究所報告，**35**，119-153，2016．

程　為国：地球温暖化と水田からのメタン放出：大気中のCO_2濃度上昇はどのように水田からのCH_4放出に影響するか．化学と生物，**46**，539-543，2008．

程　為国・中島泰弘：窒素負荷の同位体利用．続・環境負荷を予測する―モニタリングとモデリングの発展―（波多野隆介・犬伏和之編），博友社，pp.172-186，2005．

沼田　眞：地域から地球にかけての環境問題．土と微生物，**51**，1-2，1998．

服部浩之：酸化降下物と土壌微生物．新・土の微生物（4）環境問題と微生物（日本土壌微生物学会編），博友社，pp.91-116，1999．

八木一行：土壌の役割とその地球規模での変化．ARDEC，**53**，2015．
http://www.jiid.or.jp/ardec/ardec53/ard53_key_note1.html

山口紀子他：土壌－植物系における放射性セシウムの挙動とその変動要因．農業環境技術研究所報告，**31**，75-129，2012．

Galloway *et al.*：Nitrogen cycles：past, present, and future. *Biogeochemisty*, **70**, 153-226, 2004.

Guo, L. B. and Gifford, R. M.：Soil carbon stocks and land use change：a meta analysis. *Glob. Change Biol.*, **8**, 345-360, 2002.

引 用 文 献

IPCC : Summary for Policymakers. In : *Climate Change 2013 : The Physical Science Basis*, Cambridge University Press, 2013.

Ravishankara, A. R. *et al.*, : Nitrous oxide (N_2O) : The dominant ozone-depleting substance emitted in the 21st century. *Science*, **326**, 123-125, 2009.

Wei, X. *et al.* : Global pattern of soil carbon losses due to the conversion of forests to agricultural land. *Scientific Reports*, **4**, 4062, DOI : 10.1038/srep04062.

参 考 文 献

　本書引用文献・参考文献の書誌情報は，朝倉書店ウェブサイト（https://www.asakura.co.jp/）よりダウンロードできます．検索の際にご活用ください．

第1章

犬伏和之・安西徹郎編：土壌学概論，朝倉書店，2001．

高橋英一：肥料の来た道帰る道　肥料を通して環境・人口問題を考える，研成社，1991．

米山忠克他：新植物栄養・肥料学，朝倉書店，2010．

第2章

日本菌学会編：菌類の事典，朝倉書店，2013．

発酵研究所監修：IFO微生物学概論，培風館，2010．

服部　勉他：改訂版 土の微生物学，養賢堂，2008．

第4章

カーク，R.E.・D.オスマー編，日本化学会監訳：土壌中における農薬の挙動．カーク・オスマー 化学技術・環境ハンドブックⅡ グリーン・サステイナブルケミストリー，丸善，pp.345-363，2009．

片山新太・山本広基：農薬と微生物．新・土の微生物（4）環境問題と微生物（日本土壌微生物学会編），博友社，pp.29-69，1999．

鍬塚昭三・山本広基：土と農薬，日本植物防疫協会，1998．

第6章

犬伏和之・安西徹郎編著：土壌学概論，朝倉書店，2001．

大島泰治編著：IFO微生物学概論，培風館，2010．

久保　幹他：環境微生物学．化学同人，2012．

服部　勉他：土の微生物学（改訂版），養賢堂，2008．

Bollag, J. M. and G. Stotzky ed.：*Soil Biochemistry, Vol.10*, Mercel Dicker, 2000.

Ehrich, H. L.：*Geomicrobiology*, Mercel Dicker, 2002.

Fenchel, T. *et al.*：*Bacterial Biogeochemistry*（Third Ed.）, Elsevier, 2013.

Madigan, M. T. *et al.*：*Block Biology of Microorganisms*（Tenth Ed.）, Pearson Education, 2003.

Maier, R. M. *et al.*：*Environmental Microbiology*, Academic Press, 2000.

第7章

干鯛眞信：窒素固定の化学，裳華房，2014.

de Bruijn, F. J.：*Biological Nitrogen Fixation*, John Wiley & Sons, 2015.

Martin, F. ed.：*Molecular Mycorrhizal Symbiosis*, John Wiley & Sons, 2016.

Smith, S. E. and D. J. Read：*Mycorrhizal Symbiosis*, Academic Press, 2008.

第9章

浅川　晋：土壌中の遺伝子・遺伝子情報…何ができるのか，何がわかるのか 6. 土壌微生物の群集構造解析（その2）DGGE，水田土壌への適用．日本土壌肥料学雑誌，**76**(6)，913-916，2005.

井藤和人：土壌中の遺伝子・遺伝子情報…何ができるのか，何がわかるのか 4. 特定微生物の検出と定量・多様性，ならびに特定遺伝子に注目した分子生態（その2）有機汚染物質の分解菌．日本土壌肥料学雑誌，**76**(3)，353-356，2005.

須賀有子・豊田剛己：土壌中の遺伝子・遺伝子情報…何ができるのか，何がわかるのか 5. 土壌微生物の群集構造解析（その1）DGGE，原理と畑土壌への適用．日本土壌肥料学雑誌，**76**(5)，649-655，2005.

妹尾啓史：土壌中の遺伝子・遺伝子情報…何ができるのか，何がわかるのか 1. はじめに．日本土壌肥料学雑誌，**76**(2)，213-215，2005.

妹尾啓史：土壌中の遺伝子・遺伝子情報…何ができるのか，何がわかるのか 10. 土壌DNAの利用，新しい研究手法（その3）環境ゲノミクス．日本土壌肥料学雑誌，**77**(2)，235-237，2006.

對馬誠也：土壌中の遺伝子・遺伝子情報…何ができるのか，何がわかるのか 2. 特定微生物の検出と定量・多様性，ならびに特定遺伝子に注目した分子生態（その1）植物病原菌．日本土壌肥料学雑誌，**76**(2)，217-221，2005.

日本土壌微生物学会編：土壌微生物実験法 第3版，養賢堂，2013.

日本微生物生態学会編：環境と微生物の事典，朝倉書店，2014.

服部正平監修：メタゲノム解析技術の最前線，シーエムシー出版，2010.

藤井　毅：土壌中の遺伝子・遺伝子情報…何ができるのか，何がわかるのか 8. 土壌DNAの利用，新しい研究手法（その1）特定機能を持つ遺伝子の単離（土壌DNA-PCR法，土壌DNAライブラリー法）．

日本土壌肥料学雑誌，**77**(1)，115-118，2006．

村瀬　潤：土壌中の遺伝子・遺伝子情報…何ができるのか，何がわかるのか 9. 土壌 DNA の利用，新しい研究手法（その 2）Stable Isotope Probing．日本土壌肥料学雑誌，**77**(2)，231-234，2006．

横山和平：土壌中の遺伝子・遺伝子情報…何ができるのか，何がわかるのか 3. 特定微生物の検出と定量・多様性，ならびに特定遺伝子に注目した分子生態（その 2）アーバスキュラー菌根菌とアンモニア酸化菌の場合．日本土壌肥料学雑誌，**76**(3)，341-344，2005．

渡邊克二・境　雅夫：土壌中の遺伝子・遺伝子情報…何ができるのか，何がわかるのか 7. 土壌微生物の群集構造解析（その 3）MERFLP 法と T-RFLP 法，原理と適用．日本土壌肥料学雑誌，**76**(6)，925-927，2005．

索　引

欧文

A層　7
Acidithiobacillus 属　91
anaerobic ammonium oxidation　81
Arthrobacter　14
Arum 型　112
Aspergillus 属　18
ATP　22
ATP 法　26
Azorhizobium　100
B層　7
Bacillus　14
Bradyrhizobium　100
C層　7
CH_4　145
CH_4 酸化　151
CH_4 生成　151
Clostridium　14
C/N 比　42, 50
CO_2　145
CO_2 濃度上昇　150, 151
denitrification　77
DGGE 法　28
DNA アンプリコンシーケンス　28
Ensifer　100
Fe タンパク質　106
Frankia 属　14, 100
Fusarium 属　18
G（グライ）層　8
Gallionella 属　97
GC 含量　14
Geobacter 属　97
Geospirillum 属　97
Geovibrio 属　97
Glomeromycotina 亜門　111
Leptothrix 属　97
LysM 型受容体型キナーゼ　105
Mesorhizobium　100
MoFe タンパク質　106
Myc ファクター　112
Myc-リポキトオリゴ糖　112
N マイニング　37
natural attenuation　61
nif 遺伝子　101
nitrification　74
N_2O　145
nod 遺伝子　101
nod オペロン　104
Nod ファクター　102
Nostoc　100
O層　7
Paris 型　112
PCB　54, 58
PCE　60
PCR-DGGE 法　132, 136
PCR 法　15
Penicillium 属　18
pH　23
PLFA　26
Rhizobium　100
(16S) rRNA　13
(18S) rRNA　13
Saccharomyces cerevisiae　18
Shewanella 属　97
SIP 法　129, 139
soil quality　125
stable isotope probing 法　129
Streptomyces　14
TCE　60
T-RFLP 法　28, 136
Trichoderma 属　18
Verticillium 属　18

WFPS　8

ア行

アカパンカビ　18
アーキア　16
アクチノバクテリア　14
アクチノリザル植物　100
亜硝酸化菌　20
アセチレン還元法　107
アゾ染料　59
アナモックス　67, 80
アナモックス反応　81
アーバスキュラー菌根　109
アーバスキュラー菌根菌　17
アパタイト　87
アーブトイド菌根　110
アポプラスト　112
アミノペプチダーゼ　120
アルギニン　115
安息香酸　55
アンモニア化成　71
アンモニア酸化菌　20
アンモニウム　66
アンモニウムトランスポーター　115

硫黄　83
　──の形態変化　89
　──の循環　89
　──の存在形態　90
硫黄呼吸　93
硫黄酸化菌　20
硫黄酸化物　156
1 次鉱物　5
一次反応型消失曲線　63
一酸化二窒素　66, 145, 155
遺伝子解析技術　15

稲妻　152, 156

ウレアーゼ　120
ウレイド　107

栄養分濃度　21
エキソセルラーゼ　119
エキソペプチダーゼ　120
エタノール発酵　23
エネルギー源　19
エフェクター　105
エリコイド菌根　109
エリコイド菌根菌　109
塩性化　159
エンドグルカナーゼ　119
エンドサイトーシス　104
エンドセルラーゼ　119
エンドペプチダーゼ　120
塩分濃度　23
塩類集積　158

汚染物質　144
オゾン　154
オゾン層の破壊　144
温室効果ガス　145, 147, 160
温度　23

カ行

外生菌根　109
外生菌根菌　18, 109
外生菌糸　110
化学合成従属栄養微生物　21
化学合成独立栄養微生物　20
化学合成微生物　19
隔壁　114
加水分解酵素　118
加水分解反応　54, 63
カテコール　55
カテコールオルソ開裂経路　55
カテコールメタ開裂経路　55
下方移行性　65
カーリング　104
カール・ウーズ　12
カルシウムカルモジュリン依存
性プロテインキナーゼ　105
カルシウムスパイキング　104, 105
カルボキシペプチダーゼ　120
環境 DNA　142
環境問題　144, 145, 156, 160
還元反応　54, 63
管状液胞　114
感染糸　104
乾燥再湿潤　31
乾土効果　32

気候変動　125
基質誘導呼吸法　26
基質利用効率　29
寄生　99
寄生菌　21
季節変動　125
拮抗作用　99
キナーゼ　86
キノコ　16
吸着等温式　65
共生　99
共生アイランド　101
共生菌　21
共生者　99
共生窒素固定　100
共生プラスミド　101
共代謝　58, 63
共脱窒　80
共通共生経路　105, 113
菌根　16, 109
菌根共生　99
菌根菌　87, 109
菌根経路　114
菌根性植物　111, 116
菌糸　16
菌糸コイル　110
菌鞘　109
菌足　112
菌体外多糖　105
菌類　16
菌類従属栄養　110

グラム陽性菌　14
グリオキシル酸回路　116
β-グルコシダーゼ　119
グルタミン酸シンターゼ　107
グルタミンシンテターゼ　107
クレンアーキオータ　16
グロムス菌類　17
クロロ安息香酸　55
クロロカテコール　57
クロロカテコールオルソ開裂経路　57
クロロホルム燻蒸抽出法　26

ケイ酸塩鉱物　5
珪藻　18
系統分類　132
茎粒　100
欠乏帯　114
ゲニステイン　104
原核微生物　12
嫌気呼吸　22
嫌気性アンモニア酸化　80, 81
嫌気性菌　22
原生動物　18

好アルカリ性菌　24
高栄養菌　21
好塩菌　24
高温菌　23
耕起　123
好気呼吸　22
好気性菌　22
孔隙　8
光合成細菌　19
光合成従属栄養微生物　20
光合成独立栄養微生物　19
光合成微生物　19
交差適応分解　64
好酸性菌　24
紅色硫黄細菌　19, 92
紅色非硫黄細菌　20
酵素の酸化反応　41
高度好塩菌　16
酵母　16
厚膜胞子　18
好冷菌　23

コメタボリズム →共代謝
コリネ型細菌　14
根毛菌類　19
根粒　100
根粒共生　99
根粒菌　14, 100
根粒形成のオートレギュレーション　108
根粒原基　104

サ行

細菌　13
細菌群集構造　15
サイクリックβグルカン　105
細胞外酵素　117
細胞内共生説　13
殺菌剤　61
殺虫剤　61
砂漠化　159
β-酸化　116
酸化還元電位　23
酸化酵素　118
酸化反応　54, 63
酸性雨　156
酸性降下物　156
酸性ホスファターゼ　114
酸素濃度　22

シアノバクテリア　15, 100
資化性菌　65
自給肥料　3
シグモイド型消失曲線　63
子実体　109
糸状菌　16
シスト　23
次世代シークエンサー　15
シデロフォア　98
シトクロム　78
子嚢菌類　18
子嚢胞子　18
指標(土壌の質の)　126
ジベンゾチオフェン　90
脂肪体　115
縞状鉄鉱床　95

(農薬濃度の)シミュレーションモデル　65
ジメチルスルフィド　94
重金属　124, 144, 160
従属栄養微生物　19
宿主　99
宿主特異性　101
樹枝状体　110, 112
樹枝状体コイル　112
シュードモナス　14
硝化　67, 74
硝化菌　20
硝酸呼吸　22
硝酸態窒素　144
消失曲線　63
正味のN不動化　29
正味のN無機化　29
助細胞　112
除草剤　61
ショットガンシークエンス　15
真核微生物　16
シンビオソーム　104
森林伐採　147

水食　157
水素細菌　20
水分　23
水平伝播　100
ストリゴラクトン　112

成層圏オゾン　154
生物間相互作用　99
生物的窒素固定　67, 69
生物由来炭化物　49
セイヨウショウロ　18
政令指定土壌改良資材　116
接合菌類　17
接合胞子　17
施肥　124
セルラーゼ　118
セルロース　118
セルロソーム　119
セロビオース　119
セロビオヒドロラーゼ　119
繊毛虫類　19

相利共生　99
藻類　18

タ行

ダイオキシン　58
耐久体　23
ダイゼイン　104
堆積様式　6
堆肥化　50
対流圏オゾン　154
脱窒　14, 67, 77
脱窒菌　22
多量要素　83
タルウマゴヤシ　105
担子菌類　18
炭素源　19
炭素循環　39, 52
炭素貯留庫　148
団粒構造　10, 64

地域環境問題　144
地衣類　16
地下水汚染　144
地球温暖化　4, 125, 144, 145, 150, 160
地球温暖化指数　145
地球環境問題　144
窒素固定　2, 14, 100
窒素固定菌　69
窒素固定細菌　100
窒素酸化物　156
窒素循環　4
窒素の無機化　67
窒素の有機化　67
中温菌　23
中性脂肪　115
中立作用　99
超高温菌　23
直接経路　114
貯蔵庫(sink)と供給源(source)　26

通性嫌気性菌　22
ツボカビ類　17

低栄養菌　21
鉄　83
　　——の形態変化　94
　　——の循環　95
　　——の存在形態　95
鉄呼吸　97
鉄酸化菌　20
テトラクロロエチレン　60

同化的硝酸還元　70
糖新生　116
ドクチャエフ　7
独立栄養微生物　19
土壌DNAライブラリー法　137, 139
土壌汚染　160
土壌汚染物質　160
土壌吸着係数　65
土壌酵素活性　123
土壌呼吸　40
土壌資源　1
土壌侵食　157
土壌水分　123
土壌炭素　2
土壌断面　7
土壌中消失半減期　63
土壌の塩類集積　158
土壌の酸性化　158
土壌の質　125
土壌腐植　45
土壌無機炭素　49
土壌有機炭素　39, 43, 47
土壌有機物　39, 44, 45, 65
土壌劣化　41, 157
土性　9
土着菌　116
土地利用変化　147, 148
トリクロロエチレン　60
トリュフ　18
トレード・オフ関係　160

ナ行

内外生菌根　109
内生菌根　109
内生菌糸　110
内生胞子　23
ナリンゲニン　104
難培養性微生物　15

二酸化炭素　145
　　大気中の——　4
2次鉱物　5
ニトロゲナーゼ　69, 100, 106
乳酸発酵　23
尿素回路　115

農耕　2
嚢状体　110, 112
農薬　124, 144, 160
　　——の分解　61
農薬分解菌　63

ハ行

バイオマスの代謝回転　25
バイオレメディエーション　61
バクテロイド　104
バーチ効果　31
発芽管　112
発酵　23
ハーバー・ボッシュ法　2
ハルティッヒネット　109
反応性窒素　152

非菌根性植物　116
微好気性菌　22
ビスフェノールA　58
微生物群集構造　25
微生物バイオマス　25
非腐植物質　45, 46, 51
ヒューミン　46
病原菌　21
肥料資源鉱物　3
微量要素　83

ファーミクテス　14
フィターゼ　87
フィチン　86
風化　6
風食　157
風水土　144
富栄養化　144
フェレドキシン　106
腐植酸　46, 51
腐植物質　39, 45, 46, 51
腐生菌　21
プライミング効果　35
フラボドキシン　106
フラボノイド　102, 104
フルボ酸　46, 51
プロテアーゼ　120
プロテオバクテリア　13
α-プロテオバクテリア　100
プロトコーム　110
プロトンポンプ　115
分解経路　63
分子系統分類　12
分子生態学　128
分子生態学的手法　15
分子態窒素　152
分生胞子　18
分泌装置　105

ヘテロシスト　15, 100
ペリアーバスキュラースペース　112
ペリアーバスキュラー膜　112
ペルオキシダーゼ　121
片害作用　99
鞭毛虫類　19
片利作用　99

胞子　16, 110
胞子嚢胞子　17
放射性降下物　160
放射性物質　144, 160
放線菌　14
捕食　21
ホスファターゼ　87, 118
ホモクエン酸　107
ポリ塩化ビフェニル　54
ポリフェノールオキシダーゼ　121
ポリリン酸　88, 114

ホンシメジ　18

マ行

膜　104
マツタケ　18

緑の革命　3
ミヤコグサ　105

無機栄養細菌　11, 20
無機態窒素の有機化　70
無限型根粒　102
無性胞子　16

メタゲノミクス　129, 141, 142
メタゲノム　142
メタゲノム解析　15
メタトランスクリプトーム解析　143
メタン　145
メタン酸化菌　20
メタン生成菌　16
メトヘモグロビン血症　75

木材腐朽菌　18
モノトロポイド菌根　110

ヤ行

有機栄養細菌　11
有機態窒素　66
　　──の無機化　71
有機物のC/N比　73
有機物分解　40-42, 44, 47, 48, 52, 53
有限型根粒　102
有性胞子　16
ユリアーキオータ　16

陽イオン交換　10

ラ行

ラン菌根　110

リグニン　121
リポキトオリゴ糖　102, 104
リボソームRNA　12
リポ多糖　105

硫化カルボニル　94
硫化物　160
粒径分布　9
硫酸還元菌　22, 92
硫酸呼吸　22
緑色硫黄細菌　19, 92
緑色非硫黄細菌　20
緑藻　18
リン　83
　　──の形態変化　84
　　──の循環　84
　　──の存在形態　85
リン鉱石　2
リンゴ酸　107
輪作　125
輪作体系　116
リン酸化酵素　86
リン酸トランスポーター　114
リン酸肥料　4
リン酸輸送　114
リン・マーギュリス　13

ルテオリン　104

レグヘモグロビン　107

編集者略歴

犬伏和之(いぬぶしかずゆき)

1956年　東京都に生まれる
1984年　東京大学大学院農学研究科修了
現　在　千葉大学大学院園芸学研究科 土壌研究室 教授
　　　　農学博士

実践土壌学シリーズ 3
土　壌　生　化　学
　　　　　　　　　　　　　　　　定価はカバーに表示

2019年2月5日　初版第1刷

編集者　犬　伏　和　之
発行者　朝　倉　誠　造
発行所　株式会社　朝　倉　書　店
　　　　東京都新宿区新小川町 6-29
　　　　郵便番号　162-8707
　　　　電　話　03 (3260) 0141
　　　　FAX　03 (3260) 0180
　　　　http://www.asakura.co.jp

〈検印省略〉

© 2019 〈無断複写・転載を禁ず〉　　　教文堂・渡辺製本

ISBN 978-4-254-43573-3　C 3361　　Printed in Japan

JCOPY 〈(社)出版者著作権管理機構 委託出版物〉

本書の無断複写は著作権法上での例外を除き禁じられています．複写される場合は，そのつど事前に，(社)出版者著作権管理機構（電話 03-5244-5088，FAX 03-5244-5089, e-mail: info@jcopy.or.jp）の許諾を得てください．